干式电抗器
制造及检测技术

国网宁夏电力有限公司电力科学研究院　组编

中国电力出版社
CHINA ELECTRIC POWER PRESS

内 容 提 要

本书对干式电抗器基本知识进行介绍，详细阐述了各类干式电抗器结构、工作原理，介绍了干式电抗器设计制造方法，干式电抗器在线感磁检测技术，最后对大量典型案例进行分析，对于故障发生的概况、现场检查、事故原因进行了详细分析，以便吸取事故教训，减少故障发生。

本书可供从事电抗器设备设计制造、检测检修、管理人员使用。

图书在版编目（CIP）数据

干式电抗器制造及检测技术/国网宁夏电力有限公司电力科学研究院组编. —北京：中国电力出版社，2023.12

ISBN 978-7-5198-8274-7

Ⅰ.①干… Ⅱ.①国… Ⅲ.①电抗器－制造②电抗器－检测 Ⅳ.①TM47

中国国家版本馆 CIP 数据核字（2023）第 210738 号

出版发行：中国电力出版社

地　　址：北京市东城区北京站西街 19 号（邮政编码 100005）

网　　址：http://www.cepp.sgcc.com.cn

责任编辑：陈　丽（010-63412348）

责任校对：黄　蓓　马　宁

装帧设计：赵丽媛

责任印制：石　雷

印　　刷：廊坊市文峰档案印务有限公司

版　　次：2023 年 12 月第一版

印　　次：2023 年 12 月北京第一次印刷

开　　本：710 毫米×1000 毫米　16 开本

印　　张：9

字　　数：154 千字

定　　价：56.00 元

编 委 会

干式电抗器广泛应用于电力系统。然而由于制造企业生产条件或技术水平存在差异，导致产品质量参差不齐，且随着电抗器在电网中的装用量逐年增长及长期运行，实际运行中不断出现各类故障，威胁电网安全。同时从事电力生产的部分一线技术人员对电抗器结构原理理解不足，对电抗器材料选型、结构设计、制造工艺等接触途径有限，因产品设计制造缺陷导致的设备异常存在故障诊断深度不足等问题。此外，传统的红外热像、紫外成像等技术手段针对电抗器内部缺陷检测也存在局限性，对于各类新型电抗器缺陷检测技术了解与应用不足，电抗器出现异常后不能准确分析故障原因，最终导致设备损毁、功率损失，造成经济损失。掌握各类电抗器结构工作原理、设计制造工艺要点、试验诊断方法，推广各类新型检测技术应用，将有助于及时查明设备故障原因并采取措施，保证电网安全稳定运行。

本书对干式电抗器基本知识进行介绍，详细阐述了各类干式电抗器结构及工作原理、设计制造工艺、试验检测技术，最后对大量典型案例进行分析，对于故障发生的概况、现场检查、事故原因进行了详细阐述及分析，以便吸取事故教训，减少事故、故障的发生。本书理论联系实际、实用性强，既可以帮助运行、检修人员更深入地理解电抗器设备工作原理和设计制造工艺，掌握电抗器试验检测技术，了解电抗器常见故障现象、故障原因及处理策略，提高故障处理效率，还可以为电力设计、施工人员提供一些提示和参考。希望广大读者在本书的指导下，从日常生产实践中学习、探索、提高，为电网安全稳定运行做出贡献。

本书由国网宁夏电力有限公司电力科学研究院、国网宁夏电力有限公司各供电公司及超高压公司具体实施完成。在编写本书第二章及第三章内容时，得到了北京电力设备总厂有限公司及长沙理工大学的支持，在此一并致谢。

鉴于编写人员水平有限，书中难免存在疏漏与不妥之处，敬请广大读者批评指正。

编 者

2023 年 11 月

目 录

第一章

电抗器结构及工作原理

随着电气化时代的到来，"电能替代"这一概念已经逐渐在日常生活中传播和普及，众所周知，电能比化石能源效率更高而且无污染，"电能替代率"这一关键词也被用来衡量一个国家的发展水平，可见电能对社会的发展来说有着不可替代的作用。近年来，电网的建设逐步在向大电网、大规划靠拢，但是随着超高压远距离输电系统的普及又给电力系统带来了诸多难题，比如：随着电网电压等级的升高，远距离输电线路的末端需要投入大量的并联电抗器进行无功补偿来削弱电容效应；随着电力系统的容量增大，各网架构成互联电力系统，又得使用大量的限流电抗器减少因为短路故障而产生短路电流的影响；随着各种非线性设备的投入，电网中谐波含量升高，必须投入大量的滤波电抗器滤除谐波的干扰来保证电能质量。因此，电抗器作为电力系统一次系统中的重要设备，保证其安全稳定运行就显得愈发重要。

电抗器是依靠线圈的感抗阻碍电流变化的电器。电抗器也叫电感器，一个导体通电时就会在其所占据的一定空间范围产生磁场，所以所有能载流的电导体都有一般意义上的感性。然而通电长直导体的电感较小，所产生的磁场不强，因此实际的电抗器是导线绕成螺线管形式，称为空心电抗器；有时为了让这只螺线管具有更大的电感，便在螺线管中插入铁芯，称铁芯电抗器。电抗分为感抗和容抗，比较科学的归类是感抗器（电感器）和容抗器（电容器），统称为电抗器，然而由于过去先有了电感器，并且被称为电抗器，所以现在人们所说的电容器就是容抗器，而电抗器专指电感器。

随着电抗器的广泛使用，其故障问题时有发生。匝间故障最为严重，电抗器在户外的大气条件下运行一段时间后，其表面会有污物沉积，同时表面喷涂的绝缘材料也会出现粉化现象，形成污层。在大雾或雨天，表面污层会受潮，导致表面泄漏电流增大，产生热量，这使得表面电场集中区域的水分蒸发较快，造成表面部分区域出现干区，引起局部表面电阻改变并发生机械形变，电流在该形变中断处形成很小的局部电弧，随着时间的增长，电弧将发展并发生合并，在表面形成树枝状放电烧痕，形成环面树枝状放电。由于绝大多数树枝状放电产生子电抗端部表面与星状板相接触的区域，而匝间短路是树枝状放电的进一步发展，即短路线匝中电流剧增形成热效应，最终导致线匝绝缘损坏、绝缘支撑烧毁，严重威胁电网安全。因此，电抗器故障检测技术能够快速、准确、灵敏地反应电抗器的实际运行状态就显得尤为重要。

本书对电抗器基本知识进行介绍，详细阐述了各类电抗器的结构以及工作原理。在电抗器绝缘特性与结构特点的基础上，介绍了电抗器的设计制造流程。总结了干式空心电抗器的故障特性，包括匝间短路、漏电起痕、局部过热，并通过其故障特性介绍了电抗器在线测温检测技术、在线感磁检测技术、在线电流检测技术。最后通过分析典型案例故障原因，对于故障发生的概况、现场检查、事故原因进行了详细阐述，总结相关绝缘经验推广到干式空心电抗器的绝缘保护方面，进而加强电抗器的安全稳定运行。

第一节　电抗器分类及结构

电抗器的分类方法有很多，例如，按照产品的用途可以分为并联电抗器、串联电抗器等，按照结构形式可以分为铁芯电抗器、空心电抗器，按照绝缘介质可以分为油浸电抗器、干式电抗器，按照相数可以分为单相电抗器、三相电抗器等。本书以干式电抗器为对象，分别介绍了干式铁芯电抗器和干式空心电抗器的相关内容。

一、干式铁芯电抗器

干式铁芯电抗器广泛应用于交流电路中，用于限制电流和改善电压稳定性。在电力系统中，铁芯电抗器通常用于电力传输和分配系统中的容性补偿，以帮助维持稳定的电压和频率。此外，铁芯电抗器还用于变频器和无功补偿器中，以提高电路的效率和稳定性。铁芯电抗器的结构和性能使其在电力系统中具有重要的应用价值。随着电力系统的发展和改进，铁芯电抗器的应用也将会得到进一步的扩展和优化。

铁芯电抗器的结构主要是由铁芯和线圈组成的。铁芯电抗器的铁芯由高导磁性材料制成，如硅钢片。铁芯的形状可以是圆柱形、长方形或其他形状。铁芯的横截面可以是矩形、圆形或其他形状。铁芯的截面积越大，电感就越大。铁芯电抗器的线圈由绝缘导线和绝缘材料制成。线圈可以是单层或多层的，绕制方式可以是平行绕制或螺旋绕制。线圈的匝数越多，电感就越大。

铁芯电抗器的主要性能是电感和电阻。电感是指电流通过铁芯电抗器时，产生的磁场对电流的阻碍能力。电感的大小与铁芯电抗器的铁芯和线圈的参数有关。电阻是指电流通过铁芯电抗器时，产生的能量损耗。电阻的大小与铁芯电抗器的线圈的导线材质和截面积有关。

铁芯电抗器以闭合铁芯为磁路，绝缘结构和外壳结构与变压器相似，但内部结构不同。变压器的一次绕组和二次绕组铁芯磁路中没有气隙，而电抗器只有一个励磁线圈，铁轭通常为"E"或"一"字型，铁芯由若干铁芯饼和气隙材料间隔交错垒叠，然后在真空条件下使用树脂浇注成一整体。铁芯多选用0.3mm和0.27mm厚的优质冷轧硅钢片，线圈一般使用铜线绕制，树脂大多选用进口材料。图1-1分别为单相与三相铁芯电抗器的铁芯结构。铁芯电抗器磁路闭合，对周围设备的磁干扰较小，可以做成三相一体结构的设备，且由于铁芯电抗器的漏磁微小，无需预留漏磁污染距离，因此铁芯电抗器的占地面积大大小于空心电抗器，一般只有1/5左右。干式铁芯电抗器采用空气和环氧树脂复合绝缘的形式，因具有体积小、安装方便、绝缘性能好、漏磁干扰小、安全可靠等优点，得到了广泛的应用。

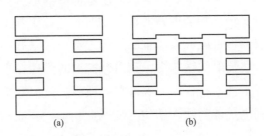

图1-1 铁芯电抗器铁芯结构

(a) 单相电抗器铁芯；(b) 三相电抗器铁芯

干式电抗器的铁芯是通过将铁芯柱分成若干个铁芯饼，在铁芯饼之间用非磁性材料隔开，形成间隙。铁芯饼为圆饼状结构，因为衍射磁通含有较大的横向分量，所以将在铁芯和线圈中引起极大的附加损耗，为了减小衍射磁通，需要将整体气隙用铁芯饼划分成若干小气隙，其高度为50~100mm。与铁轭相连的上下铁芯柱的高度应该大于铁芯饼的高度。铁芯饼的叠片方式根据磁通密度、磁通量以及生产工艺性综合考虑来确定，通常有平行阶梯状叠片、渐开线状叠片和辐射状叠片三种，如图 1-2 所示。平行阶梯状叠片的叠片方式与一般变压器相同，每片中间冲孔，用螺杆、压板夹紧成整体，适用于较小容量的电抗器；渐开线状叠片的叠片方式与渐开线变压器的叠片方式相同，中间形成一个内孔，外圆与内孔直径之比约为 4：1 至 5：1，适用于中等容量的电抗器。辐射状叠片的叠片方式为硅钢片由中心孔向外辐射排列，适用于大容量电抗器，且因为硅钢片之间没有拉螺杆和压板加紧，所以必须要借助其他方式进行固定。

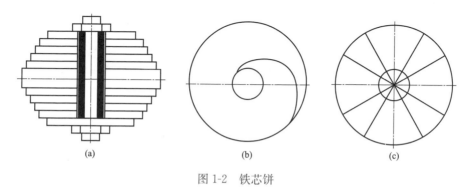

图 1-2　铁芯饼

(a) 平行阶梯状叠片；(b) 渐开线状叠片；(c) 辐射状叠片

在平行阶梯状叠片铁芯中，由于气隙附近的边缘效应，使铁芯中向外扩散的磁通的一部分在进入相邻的铁芯饼叠片时，与硅钢片平面垂直，这样会引起很大的涡流损耗，可能形成严重的局部过热，故只有小容量电抗器才采用这种叠片方式。在辐射状铁芯中，其向外扩散的磁通在进入相邻的铁芯饼叠片时，与硅钢片平面平行，因而涡流损耗减少，故大容量电抗器采用这种叠片方式。铁芯式电抗器的铁轭结构与变压器相似，一般都是平行叠片，中小型电抗器经常将两端的铁芯柱与铁轭叠片交错地叠在一起，为压紧方便，铁轭截面总是做成矩形或丁形。

饼间非磁性材料采用圆片状高硬度、不同厚度的平面固体材料。为保证铁芯在运行过程中不振动和错位，将视铁芯饼的大小和叠片形式采用环氧树脂粘贴、玻璃布带绑扎固定或环氧树脂高温固化整体刚性成形固定。

小容量产品铁芯采用阶梯状叠片方式，铁轭采用凸字形轭结构，铁芯和铁轭之间采用拉紧螺杆轴向拉紧，绕组采用圆筒式结构，如图 1-3（a）所示，出线方式有螺母出线和铜排出线两种，工作电流大时多采用铜排出线。

大容量产品铁芯饼采用辐射状或渐开线状叠片方式，铁轭采用一字型轭结构，由辅助拉杆或浸透树脂高温固化后的绝缘无纬带轴向拉紧，绕组采用多风道圆筒式结构。如图 1-3（b）所示，风道内外曲折连接以降低风道间电压。由于大容量产品一般电流较大，导线截面积及并绕根数较多，在设计时，应充分考虑产品的绝缘结构，使绕组内电场均匀分布，借以减少局部放电量。一般干式铁芯电抗器多采用这种铁芯饼。

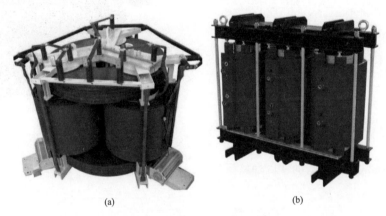

(a)   (b)

图 1-3　干式铁芯电抗器铁轭结构

(a) 凸字形布置结构；(b) 一字形布置结构

基本构造按铁芯结构的不同，又可将干式铁芯电抗器分为铁芯中带有非磁性间隙（即有间隙）和铁芯无间隙。

1. 带间隙的铁芯电抗器

铁芯中带有非磁性间隙的铁芯电抗器有并联电抗器、串联电抗器、消弧线圈、起动电抗器及滤波电抗器等。基本构造是绕组由树脂与玻璃纤维复合固化绝缘材料浇注成形、以空气为复合绝缘介质、以含有非磁性间隙的铁芯和铁轭为磁通回路。干式铁芯电抗器的主要组成部分是铁饼和气隙、铁轭和绕组，结构示意图如图 1-4 所示。

2. 无间隙的铁芯电抗器

铁芯采用同干式变压器铁芯一样的、无间隙的这一类干式铁芯电抗器，典型的有平衡电抗器，其外形结构如图 1-5 所示。可以明显看到其铁芯之间是紧密贴合在一起的，这与变压器的铁芯相似。平衡电抗器结构为单相式，连接在两个整流电路之间，其作用是使两组电压相位不同的换相组整流电路能够并联工作。由于其所接负载的电流值通常很大，因而一般采用铜箔绕制，每柱绕两绕组，一柱的内绕组与另一柱的外绕组串联，剩余两绕组串联。要求工作时，铁芯中直流磁势几乎没有，只有两组不同的换相组电压差产生的交流磁势。

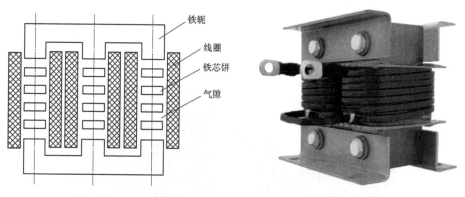

图 1-4　干式铁芯电抗器结构示意图　　　　　　图 1-5　平衡电抗器

干式铁芯电抗器的线圈通常采用饼式与圆筒式两大类，如图 1-6 所示。

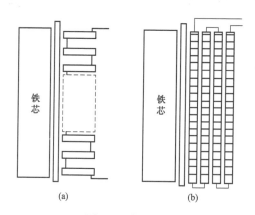

(a)　　　　　　　　(b)

图 1-6　线圈类型

(a) 饼式线圈；(b) 圆筒式线圈

　　饼式线圈又称交叠式线圈，它是将高压绕组及低压绕组分成若干个线饼，沿着铁芯柱的高度交替排列着。为了便于绝缘，一般最上层和最下层安放低压线圈。交叠式线圈的主要优点是漏抗小、机械强度高、引线方便。这种绕组形式主要用在低电压、大电流的电抗器上。

　　圆筒式线圈是目前配电变压器高、低压绕组的主要结构形式。圆筒式线圈又可分为单圆筒式、双层（四层）圆筒式、多层圆筒式、分段圆筒式等。

其共同的结构特点是线圈一般沿着其辐向有多层，每层内线匝沿着其轴向呈螺旋状前进。圆筒式线圈层间有油道作为绝缘，垂直布置的层间油道的冷却效果优于水平油道。同时，圆筒式线圈层间紧密接触，层间电容大，在冲击电压下，有良好的冲击分布，因此，多层圆筒式线圈可应用于高电压电抗器上。

二、干式空心电抗器

干式空心电抗器主要由结构件、支柱绝缘子和线圈三部分组成，采用无油且无铁芯的结构，以空气作为导磁介质，磁路磁阻大，电感值小且电感值为常数。不仅可以防止电抗器发生漏油，还可以避免磁路饱和现象。干式空心电抗器通常由数个圆筒式包封构成，包封间存在并联电气关系，且通过浸有环氧树脂的长玻璃丝进行包绕，包绕结束后，通过聚酯玻璃丝引拔样形成两个包封之间的散热气道。各个包封利用氩弧焊焊接在铝合金星型吊臂上，不仅起到固定包封的作用，还降低包封的涡流损耗，保证电抗器的机械可靠性和结构稳定性。此外，包封内部由并联的线圈组成，每层线圈经数根电磁铝线平行绕制而成。早期的空心电抗器多为水泥电抗器，其绝缘耐热等级低、易开裂以及损耗大、占地面积大、安装使用不便等原因，逐渐被淘汰。随着树脂材料的广泛运用，现在的干式空心电抗器几乎全部是以高强度的玻璃纤维加环氧树脂为复合绝缘的结构，以提高电抗器的匝间绝缘性能。将绕制完毕的电抗器进行加热处理，形成一个牢固的整体。图1-7为干式空心电抗器基本结构图。

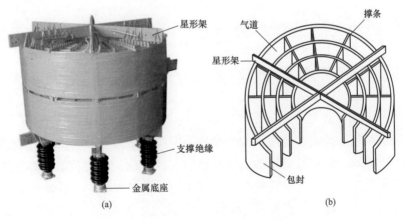

图 1-7 干式空心电抗器的基本结构图

（a）空心电抗器实物图；（b）干式空心电抗器基本结构示意图

与其他类型的电抗器相比，干式空心电抗器结构简单、重量轻、免维护、抗冲击、阻燃、机械强度高、电抗值保持线性等优良特性，因此在输配网级别的电网中使用比例高达 70%。其结构特点如下：

（1）干式空心电抗器特有的无油结构，杜绝了油浸电抗器漏油、易燃等缺点，保证了运行安全；无铁芯，不存在磁路饱和，磁路磁阻大，电感值小且其线性度好。

（2）干式空心电抗器采用多层绕组并联的筒形结构，各包封聚酯引拨条形形成通风气道，便于空气对流形成自然冷却，散热性好，热点温度低。

（3）干式空心电抗器绕组一般采用性能良好的小截面电磁铝线多股平行绕制，可使涡流损耗和漏磁损耗明显减小。每根导线表面都用多层绝缘性能良好的聚酯薄膜进行半叠绕包，使之有很高的绝缘强度。

（4）干式空心电抗器绕组经过紧密绕制后固化、喷砂、喷器形成包封。包封与包封之间是相互并联的电气连接关系，组间电压极低，相应部位几乎等电位，电场分布非常理想。

（5）绕组外部用浸渍环氧树脂的玻璃纤维缠绕包封，并经高温固化，端部用高强度铝合金星形架夹持，整体玻璃纤维带拉紧等结构，通过干燥浸胶工艺固化成型，使之成为一个坚固的复合体。因此，空心电抗器的机械强度极高，其耐受短时电流的冲击能力强，满足产品动、热稳定的要求。

（6）干式空心电抗器多为单相，经组合而成三相电抗器组。当前大量使用的三相空心电抗器按其安装位置可以分为垂直排列、水平排列和两相重叠一相并列排列。不同的排列方式其互感也不同，因此对绕组的绕向和匝数的要求也不同。图 1-8 为干式空心电抗器三相排列方式。

根据用途不同，空心电抗器的类型各不相同。具体情况如表 1-1 所示。

然而，由于干式空心电抗器通常安装在户外，不可避免地会受到大气条件的影响。在高温、潮湿的环境下，电抗器匝间绝缘性能恶化程度与时间成正比，匝间绝缘性能会逐渐劣化，变脆，受潮，形成导电通道引发线匝短路。为了提升干式空心电抗器的耐气候老化性能，降低自然环境中污秽、雨水、紫外辐射等气候因素对电抗器的绝缘性能影响，干式空心电抗器后期设计逐渐增加防雨罩、包封保护层等组件来延缓气候老化。包封表面、防雨罩表面都涂有抗紫外线防老化的特殊防护层，其附着力强，能耐受户外恶劣的气候条件。安装防雨罩的干式空心电抗器实物图如 1-9 所示。

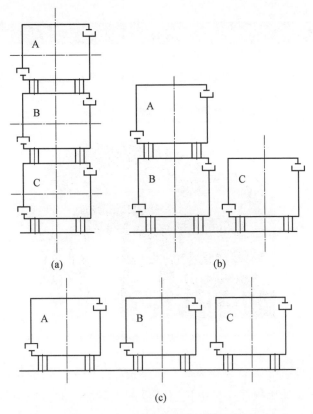

图 1-8 干式空心电抗器三相排列方式

(a) 垂直排列；(b) 两相重叠一相并列；(c) 水平排列

表 1-1   常见空心电抗器分类

电抗器分类	用途
串联电抗器	串联在电容器回路中，能有效抑制电容器电路在投入运行时的合闸涌流，起保护电容器的作用，能与电容器一起组成 LC 回路，消除回路中的有害谐波
并联电抗器	并联在电力系统中，通过补偿系统中的分布电容电流，降低高压长线末端空载时的电压。保护线路可靠运行
限流电抗器	限制电力设备的短路电流，并在短路状态时维持母线电压与一定水平，保证线路可靠运行
中性点接地电抗器	即消弧线圈，变压器中性点经消弧线圈接地，以补偿三相输电系统中一相对地故障产生的容性电流，有利于消弧
滤波电抗器	与并联电容器串联，形成串联谐振电路，为某次谐波提供低阻抗通道，消除有害谐波，一般用于 3~17 次的谐波滤波或更高次的高通滤波
分裂电抗器	一种中间带抽头的特殊的限流电抗器，正常情况下提供低阻抗，出现故障时则提供一个较大阻抗。通常串联在电力系统中用于限制故障电流和用在多反馈电路中控制电流以平衡负载

电抗器分类	用途
线路平衡电抗器	与感应炉、电容器共同组成三相电源的平衡负载用来控制并联电路中的电流
平波电抗器	用于高压直流输电系统，用于抑制输出的直流电压中有害的谐波。改善输出的直流电流
起动电抗器	用于降低大型交流电动机启动时的电流

图 1-9　安装防雨罩的干式空心电抗器

　　干式空心电抗器多筒结构为鸟类筑巢提供了便利，特别是顶部配有防雨装置的电抗器；防雨罩在保护电抗器免受雨水侵蚀的同时也为鸟巢遮风挡雨提供便利，成为鸟类筑巢的理想场所。鸟类在干式空心电抗器上活动，会损坏电抗器的绝缘性能，对电抗器的安全运行造成严重威胁。只有杜绝鸟类的进入，才能从根本上杜绝鸟害。图 1-10 为安装防鸟装置的电抗器。

图 1-10　安装防鸟栏的干式空心电抗器

此外，由于干式空心电抗器线圈由一个或多个包封层组成，采用电工铝导线绕制，环氧树脂浸渍玻璃丝包绕形成包封，当交流电通过绕组时，会在绕组内部及外部产生交变磁场，磁场反过来作用于载流的线圈绕组，对绕组产生磁场力，因交变电流随时间变化，磁场的大小和方向随之变化，因此绕组受到的磁场力发生变化引起绕组振动，振动产生的位移通过绕组之间的撑条传递，形成振动模态，进而产生噪声。这些噪声对环境产生巨大的影响，有些甚至影响到换流站周围居民的正常生活。为了抑制干式空心电抗器的噪声水平，满足环境保护要求，干式空心电抗器采用装配隔声罩、消声器等组件来抑制电抗器的可听噪声水平。

第二节　干式电抗器工作原理

一、干式铁芯电抗器工作原理

1. 等效电路模型

如图 1-11 所示，铁芯电抗器可以等效为含铁芯的非线性电感 L，对于线性电感，其电感 L 为定值，即静态电感，其定义为

$$L = \frac{\psi}{i} \tag{1-1}$$

对于非线性电感，其电感 L 为变化的，即动态电感 L_d，其定义为

$$L_d = \frac{\mathrm{d}\psi}{\mathrm{d}i} \tag{1-2}$$

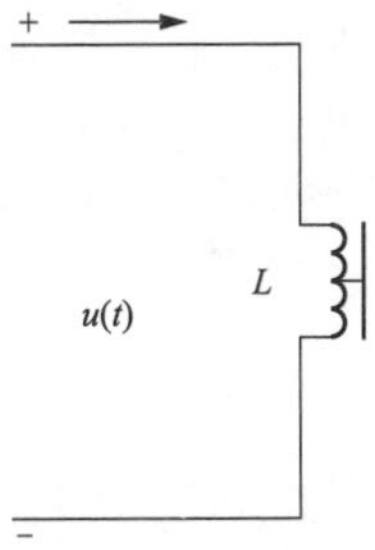

图 1-11　铁芯电抗器的等效电路模型

含有铁芯的非线性电感元件，因其铁芯由铁磁材料制成，铁磁材料具有磁滞特性，即含铁芯的非线性电感元件的 ψ-i 曲线具有回线形状，下面的磁滞回线模型便是用来描述这种特性的模型。

2. 铁芯电抗器的限流补偿功能

磁饱和可控电抗器是饱和铁芯型故障限流器最核心的组成部分，其原理利用铁磁材料的磁饱和特性，通过外加偏置电流励磁来改变电抗器的感抗大小，进而可以达到故障限流或无功补偿等效果。

饱和铁芯型故障限流器原理简化图如图 1-12 所示。

饱和铁芯型故障限流器的工作原理是借助于铁芯的磁饱和现象（通过偏

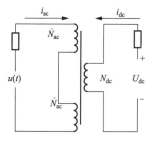

图 1-12 饱和铁芯型故障
限流器原理简化图

置直流的作用来改变铁芯的状态和磁化特性,从而改变限流绕组的电抗值大小)来实现限流的。

在非铁磁材料中,磁通密度 B 和磁场强度呈正比关系,但铁磁材料的磁感应强度 B 和磁场强度 H 之间则是呈非线性关系,当磁场强度逐渐增大时,磁感应强度 B 将随之增大,曲线 $B=f(H)$ 就称为初始磁化曲线,如图 1-13 所示,初始磁化曲线可以按照其磁化特性分为四部分:开始磁化时,铁磁材料中大部分磁畴随机呈无规律排列,其磁效应互相抵消,对外部不呈现磁特性,此时磁通密度增加得较慢,如初始磁化曲线 OA 段所示;随着外部磁场的增大,铁磁材料中的大部分磁畴开始改变方向,其方向趋同于外磁场,此时的磁感应强度 B 将快速增加,如初始磁化曲线 AB 段所示;在大部分磁畴转向完成后,可转向的磁畴已经不多,B 值增长曲线也呈现平缓的态势,如 BC 段所示,该特性称之为饱和;饱和以后,磁化曲线与非铁磁材料的 $B=\mu H$ 特性几乎为相互平行的直线,如 CD 段所示。

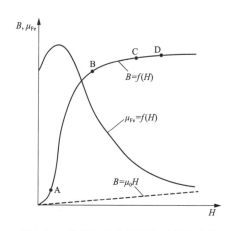

图 1-13 铁芯的磁化曲线和磁导率曲线

铁芯的绕组是由 N 匝导线构成的线圈,其磁链为

$$\Psi = N\Phi \tag{1-3}$$

式中:Φ 为单匝线圈磁通量。

结合磁路的欧姆定律可得

$$\Psi = N\Phi = \frac{N(Ni)}{R_m} = L_i \tag{1-4}$$

代入交流回路的电压方程得

$$U = 2\frac{\mu_0 S N_{ac}^2}{l}\frac{di_{ac}}{dt} + (R + R_L)\,i_{ac} + L\frac{i_{ac}}{dt} \tag{1-5}$$

式中：N_{ac} 为交流回路的导线匝数；i_{ac} 为交流电流。

所以稳态运行时，限流器的阻抗为

$$X_0 = 4\pi f \frac{\mu_0 S N_{ac}^2}{l} \tag{1-6}$$

当发生系统故障时，假设此时限流器铁芯 A 仍维持在饱和状态，铁芯 B 已经退饱和，磁导率增大，设为 μ_1 则 $\mu_A = \mu_1$，$\mu_B = \mu_0$，此时交流回路的电压方程为

$$U = \frac{\mu_1 S N_{ac}^2}{l}\frac{di_{ac}}{dt} + \frac{\mu_0 S N_{ac}^2}{l}\frac{di_{ac}}{dt} + (R + R_L)_{i_{ac}} + L\frac{l_{ac}}{dt} \tag{1-7}$$

此时限流器电抗为

$$X_1 = 2\pi f\left(\frac{\mu_0 S N_{ac}^2}{l} + \frac{\mu_1 S N_{ac}^2}{l}\right) \tag{1-8}$$

结合式（1-8）及 *B-H* 初始磁化曲线可以清楚地理解饱和铁芯型电抗器的工作特性，被动铁芯型限流电抗器的动态磁化曲线如图 1-14 所示，系统稳态运行时，偏置电流作用于限流器时，线路交流和偏置电源直流叠加作用于铁芯，铁芯工作在饱和区，铁芯磁场强度 *H* 较大而磁导率 *μ* 较小，从而使得饱和铁芯故障限流器对外呈现小电抗，几乎不会影响电网的正常运行。当系统发生短路故障时，在短路电流正半周周期时一个交流单绕组侧较大的短路电流产生的磁通与偏置直流产生的磁通相互抵消，使得单侧铁芯退出饱和状态，另一侧的铁芯由于交直流叠加作用，仍处于饱和状态，此时的限流器单侧交流绕组呈现大阻抗状态，对短路电流进行限制，在短路电流负半周周期

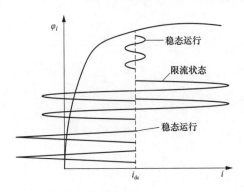

图 1-14　被动铁芯限流电抗器工作磁化曲线

i_{dc}—短路电流

时另一侧交流单绕组侧较大的短路电流产生的磁通与偏置直流产生的磁通相互抵消，两侧铁芯在正负半波内交替退饱和，完成对短路的电流的限制，但是在限流阶段，如果交流感应电势过大，则与直流磁通处于相互抵消状态的交流绕组会出现铁芯退饱和后进入反向饱和，限流电抗反而减小进而失去限流作用。

在偏执电流回路中串接切除直流电源开关时，该种限流方式被称为主动式限流。当开关检测到短路故障时将切除直流电源，饱和铁芯的两侧均处于退饱和的状态且对外呈现大阻抗，相比于被动式铁芯型限流电抗器的半波内交替限流，主动式限流的方式将限流阻抗的大小提升了几乎一倍，在达到相同限流效果的情况下的同时可以减小限流器的体积，是一种更为有效的限流方式。加入了直流电源切除开关的铁芯型限流电抗器的阻抗为

$$X_2 = 4\pi f \frac{\mu_1 S N_{\mathrm{ac}}^2}{l} \tag{1-9}$$

主动限流器限流状态的动态磁化曲线如图 1-15 所示，系统稳态运行时，偏置电流作用于限流器时，此时限流器工作状态与被动式饱和铁芯限流电抗器相同，线路交流和偏置电源直流叠加作用于铁芯，铁芯工作在饱和区，铁芯磁场强度 H 较大而磁导率 μ 较小，从而使得饱和铁芯型限流电抗器对外呈现小电阻，几乎不会影响电网的正常运行。当检测到短路故障出现时，立刻切除偏置直流回路的电源，此时只有短路交流作用于铁芯，铁芯两侧均处于退饱和的状态，铁芯磁场强度 H 相较于稳态时较小而磁导率较大，相当于在线路中串接了一个大感抗，从而对故障电流进行了有效的限制。

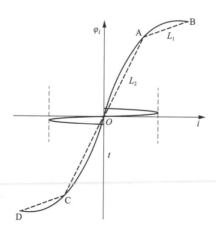

图 1-15 主动式饱和铁芯限流电抗器工作磁化曲线

3. 铁芯电抗器的滤波功能

在高压配电系统中，铁芯电抗器可以与电容器串联或者并联用来限制电网中的高次谐波。

（1）串联电抗器。电抗器一般串联在高压电力电容器或电容器组回路中，其主要作用是抑制高次谐波，减少网络电压波形的畸变，限制电容器在分相切投时的涌流。防止谐波对电容器造成危害，避免电容器装置的接入对电网谐波的过度放大和谐振发生。

铁芯电抗器与电容器串联，组成 LC 电路，设置阻抗：使 LC 电路呈高阻抗时，起抑制谐波电流的作用，有效保护补偿系统。LC 电路呈低阻抗时，起滤波作用，有效净化电网污染。220、110、35、10kV 电网中的电抗器是用来吸收电缆线路的充电容性无功的。可以通过调整串联电抗器的数量来调整运行电压。

根据 GB 50227 标准要求，应将涌流限制在电容器额定电流的 10 倍以下，为了不发生谐波放大（谐波牵引），要求串联电抗器的伏安特性尽量为线性。网络谐波较小时，采用限制涌流的电抗器；电抗率为 0.1%～1%，即将涌流限制在额定电流的 10 倍以下，以减少电抗器的有功损耗，而且电抗器的体积小、占地面积小、便于安装在电容器柜内。

当电抗器阻抗与电容器容抗全调谐后，组成某次谐波的交流滤波器。滤去某次高次谐波，而降低母线上该次谐波的电压值，使线路上不存在高次谐波电流，提高电网的电压质量。

滤波电抗器的调谐度 A 可表示为

$$X_L = \omega L = \frac{1}{n^2 X_C} = A X_C \tag{1-10}$$

式中：X_L 为电抗值，Ω；X_C 为容抗值，Ω；n 为谐波次数；L 为电感值；ω 取 314。

按上述调谐度配置电抗器，可以对各次谐波进行滤除。

（2）并联电抗器。一般接在超高压输电线的末端和地之间，发电机满负载试验用的电抗器是并联电抗器的雏形。由于铁芯式电抗器分段铁心饼之间存在着交变磁场的吸引力，因此噪声一般要比同容量变压器高出 10dB 左右。

220、110、35、10kV 电网中的电抗器是用来吸收电缆线路的充电容性无功的。可以通过调整并联电抗器的数量来调整运行电压。

二、干式空心电抗器工作原理

1. 正常运行简化等效模型

由电抗器的基本概述可知，电抗器由若干同心同轴并联圆筒式线圈组成，

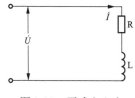

图 1-16 干式空心电抗器简化等效电路

其模型可简化为由等值电容、等效电阻以及等值电感组成的电路。由于在工频运行情况下，容抗远大于感抗，所以此时等值电容相当于开路。因此，在正常运行并且忽略涡流损耗与线圈去磁效应时，干式空心电抗器的简化等效电路为等效电阻和等值电感组成的电路模型，如图 1-16 所示。

由上述分析可知，对于多支路（如 n 条支路）并联组成的干式空心电抗器简化等效模型如图 1-17 所示。

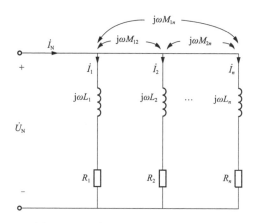

图 1-17 干式空心电抗器的电路模型

ω—电源角频率；$\dot{U}_N$—电压额定；$\dot{I}_N$—额定电流；R_n—第 n 层支路的等值电阻；

L_n—第 n 层支路的等值电感；M_{ij}—第 i 层与第 j 层之间的互感

根据图 1-17 的等效电路模型可得电压方程，即

$$\begin{cases} j\omega L_1\dot{I}_1 + j\omega M_{12}\dot{I}_2 + j\omega M_{13}\dot{I}_3 + \cdots + j\omega M_{1n}\dot{I}_n + R_1\dot{I}_1 = \dot{U} \\ j\omega M_{21}\dot{I}_1 + j\omega L_2\dot{I}_2 + j\omega M_{23}\dot{I}_3 + \cdots + j\omega M_{2n}\dot{I}_n + R_2\dot{I}_2 = \dot{U} \\ \cdots \quad \cdots \quad \cdots \quad \cdots \quad \cdots \quad \cdots \quad \cdots \\ j\omega M_{n1}\dot{I}_1 + j\omega M_{n2}\dot{I}_2 + j\omega M_{n3}\dot{I}_3 + \cdots + j\omega L_n\dot{I}_n + R_n\dot{I}_n = \dot{U} \end{cases} \tag{1-11}$$

$$\sum_{i=1}^{n} \dot{I}_i = \dot{I}_N \tag{1-12}$$

将其改写成矩阵的形式，即

$$\begin{bmatrix} R_1+j\omega L_1 & j\omega M_{1,2} & \cdots & j\omega M_{1,j} & \cdots & j\omega M_{1,n} \\ j\omega M_{2,1} & R_2+j\omega L_2 & \cdots & j\omega M_{2,j} & \cdots & j\omega M_{2,n} \\ \vdots & \vdots & \ddots & \vdots & \ddots & \vdots \\ j\omega M_{i,1} & j\omega M_{i,2} & \cdots & j\omega M_{i,j} & \cdots & j\omega M_{i,n} \\ \vdots & \vdots & \ddots & \vdots & \ddots & \vdots \\ j\omega M_{n,1} & j\omega M_{n,2} & \cdots & j\omega M_{n,j} & \cdots & R_n+j\omega L_n \end{bmatrix} \begin{bmatrix} \dot{I}_1 \\ \dot{I}_2 \\ \vdots \\ \dot{I}_i \\ \vdots \\ \dot{I}_n \end{bmatrix} = \begin{bmatrix} \dot{U} \\ \dot{U} \\ \vdots \\ \dot{U} \\ \vdots \\ \dot{U} \end{bmatrix} \tag{1-13}$$

其中，$\boldsymbol{U}=[u_1,\ u_2,\ \cdots,\ u_n]^{\mathrm{T}}$，$\boldsymbol{I}=[i_1,\ i_2,\ \cdots,\ i_n]^{\mathrm{T}}$，且 $u_1=u_2=\cdots=u_n=u$。

由式（1-13）可知，在已知电阻 R、自感 L、互感 M、电压 $\dot{U}$ 时，可求得各层绕组的电流 $\dot{I}$。特殊的，由于 $M_{ij}=M_{ji}$，当 $i=j$ 时，有 $M_{ii}=L_i$，因此对于任何一个支路来说，其等值互感均可表示为

$$M_i=\frac{\sum_{j=1}^{n} M_{ij}\dot{I}_j - M_{ii}\dot{I}_i}{\dot{I}_n - \dot{I}_i} \tag{1-14}$$

考虑电抗器感抗远大于电阻，根据支路电流的相位相等，可得无相位公式，即

$$\begin{cases} M_{11}I_1 + M_{12}I_2 + \cdots + M_{1n}I_n = \dfrac{U}{\omega} \\ M_{21}I_1 + M_{22}I_2 + \cdots + M_{2n}I_n = \dfrac{U}{\omega} \\ \cdots \quad\quad \cdots \quad\quad \cdots \quad\quad \cdots \\ M_{n1}I_1 + M_{n2}I_2 + \cdots + M_{nn}I_n = \dfrac{U}{\omega} \end{cases} \tag{1-15}$$

2. 匝间短路简化等效模型

假设 n 层并联线圈的第 m 层绕组发生匝间短路故障，造成 m 层绕组中相邻两匝导线发生短路连接，还没完全烧断绕组之前，其等值电路如图 1-18 所示。较正常情况的等效电路而言，第 m 层绕组被短路环分为上下串联的两段绕组，该短路环是由发生短路的相邻两匝导线形成的，可与各并联支路产生互感作用，在电路上等值是由电阻和电感组成。其中，R_n+1 表示短路环支路的电阻，L_n+1 表示短路环支路的自感，I_n+1 表示短路环支路的电流，$M_{i,n+1}$ 表示第 i 层支路和短路环支路的互感。

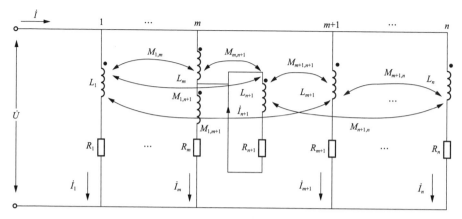

图 1-18　干式空心电抗器匝间短路等效电路

由图 1-18 可知，第 m 层绕组上的电压为 U，短路环上电压等于零。根据磁感应原理可得，虽然短路环上电压为零，但与各并联支路产生互感作用，短路环内感应出电流。因此，电压方程组将增加一个短路环支路，得到匝间短路后的电压方程组为

$$
\begin{bmatrix}
R_1+\mathrm{j}\omega L_1 & \mathrm{j}\omega M_{1,2} & \cdots & \mathrm{j}\omega M_{1,j} & \cdots & \mathrm{j}\omega M_{1,n} & \mathrm{j}\omega M_{1,n+1}\\
\mathrm{j}\omega M_{2,1} & R_2+\mathrm{j}\omega L_2 & \cdots & \mathrm{j}\omega M_{2,j} & \cdots & \mathrm{j}\omega M_{2,n} & \mathrm{j}\omega M_{2,n+1}\\
\vdots & \vdots & \ddots & \vdots & \ddots & \vdots & \vdots\\
\mathrm{j}\omega M_{i,1} & \mathrm{j}\omega M_{i,2} & \cdots & \mathrm{j}\omega M_{i,j} & \cdots & \mathrm{j}\omega M_{i,n} & \mathrm{j}\omega M_{i,n+1}\\
\vdots & \vdots & \ddots & \vdots & \ddots & \vdots & \vdots\\
\mathrm{j}\omega M_{n,1} & \mathrm{j}\omega M_{n,2} & \cdots & \mathrm{j}\omega M_{n,j} & \cdots & R_n+\mathrm{j}\omega L_n & \mathrm{j}\omega M_{n,n+1}\\
\mathrm{j}\omega M_{n+1,1} & \mathrm{j}\omega M_{n+1,2} & \cdots & \mathrm{j}\omega M_{n+1,j} & \cdots & \mathrm{j}\omega M_{n+1,n} & R_{n+1}+\mathrm{j}\omega L_{n+1}
\end{bmatrix}
\begin{bmatrix}
I_1\\
I_2\\
\vdots\\
I_i\\
\vdots\\
I_n\\
I_{n+1}
\end{bmatrix}
=
\begin{bmatrix}
U\\
U\\
\vdots\\
U\\
\vdots\\
U\\
0
\end{bmatrix}
\tag{1-16}
$$

根据式（1-16），结合干式空心电抗器正常运行情况下的计算原理，同理可得匝间短路故障时的功角。

3. 电阻计算

铝导线绕制成的空心电抗器绕组，电阻值的大小与环境温度、材料材质、

几何尺寸有关。对匝数为 n_j 的电抗器，第 j 层线圈的导体直流电阻 R_j 计算式为

$$\begin{cases} R_j = \dfrac{\rho(2\pi r_j + h_j)}{S_j} \\ \rho = \rho_0(aT + 1) \\ S_j = \pi\left(\dfrac{d_j}{2}\right)^2 \end{cases} \tag{1-17}$$

式中：ρ 为导线电阻率；ρ_0 为 0℃时导体的电阻率；r_j 为第 j 层绕组半径；h_j 为第 j 层绕组高度；T 为电抗器的工作环境温度；a 为该导体金属材料的温度系数；d_j 为导线的直径。

线圈绕组沿轴向依次缠绕，轴向节距长度随绕组缠绕匝数依次成比例增加，电抗器第 j 层绕组的高度由第 j 层绕组 n_j 增加的长度之和得来，故第 j 层绕组长度为 $(2\pi r_j + h_j)$，考虑到导线长度远远大于绕组高度 h_j，于是

$$R_j = \frac{\rho(2\pi r_j n_j + h_j)}{S_j} \tag{1-18}$$

4. 电感计算

干式空心电抗器的结构特征是同轴、层式，并且电抗器绕组的轴向高度远大于辐向宽度，所以可将其表征为多层薄壁螺线管，以螺线管模型计算其同轴线圈的电感值。图 1-19 为一个同轴的薄壁螺线管的电感计算模型。

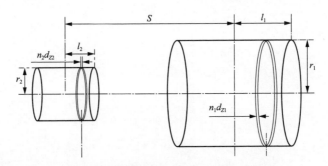

图 1-19　同轴薄壁螺线管的电感计算模型

r_1—线圈 1 的半径；r_2—线圈 2 的半径；n_1—单位长度的线圈 1 的匝数；n_2—单位长度的线圈 2 的匝数；S—线圈 1 和线圈 2 的中心距；l_1 和 l_2—线圈 1 和线圈 2 的 1/2 轴向高度

分别在两个线圈上取高度为 d_{z1} 和 d_{z2} 两个圆环，由聂耳曼互感计算公式可得到关于薄壁螺线管的互感计算式，即

$$M_{12} = 2\pi u_0 (r_1 r_2)^{\frac{3}{2}} n_1 n_2 \left[f(r_1, r_2, z_1) - f(r_1, r_2, z_2) \right]$$

$$+f(r_1,r_2,z_3)-f(r_1,r_2,z_4)] \qquad (1\text{-}19)$$

$$f(r_1,r_2,z)=\frac{\sqrt{r_1r_2}}{2\pi}\int_0^\pi\frac{\sqrt{r_1^2+r_2^2-2r_1r_2\cos\theta+z^2}}{r_1^2+r_2^2-2r_1r_2\cos\theta}\sin^2\theta\mathrm{d}\theta$$

$$z_1=l_1+l_2+S$$

$$z_2=l_1-l_2+S$$

$$z_3=-l_1-l_2+S$$

$$z_4=-l_1+l_2+S$$

由式（1-19）可见，$f(r_1,r_2,z)$ 只与两个线圈的尺寸大小以及彼此的位置相关，而与两个线圈的匝数无关。在确定了两个平行螺线管线圈的结构尺寸和线圈之间的相对位置后，则 $f(r_1,r_2,z)$ 是常数。这时，两个线圈之间的互感仅取决于这个线圈的匝数，即互感是由两个线圈的匝数决定的。当 $l_1=l_2$，$S=0$ 时，上述互感公式计算得到的为自感结果。

第二章

电 抗 器 设 计 制 造

第一节 电 抗 器 设 计

一、干式铁芯电抗器绝缘特性与结构特点

铁芯电抗器的结构主要是由铁芯和线圈组成的。铁芯是电抗器的磁路，是由磁导率极高的铁磁介质即硅钢片组成，因为其磁化曲线是非线性的，故在铁芯电抗器中的铁芯柱是带间隙的。带间隙的铁芯的磁阻主要取决于气隙的尺寸。由于气隙的磁化特性基本上是线性的，所以铁芯电抗器的电感值将不取决于外在的电压和电流，而是取决于其自身线圈匝数以及线圈会铁芯气隙的尺寸。

1. 干式铁芯电抗器的铁芯

（1）铁芯结构带气隙是铁芯电抗器铁芯的特点，由于衍射磁通包括很大的横向分量，它将在铁芯和线圈中引起极大的附加损耗。所以，减小衍射磁通，需将总体气隙用铁芯饼划分成若干个小气隙，铁芯饼的高度通常为50～100mm，视电抗器容量大小而定。与铁轭相连的上下铁芯柱的高度应不小于铁芯饼的高度。

（2）铁芯中的气隙是靠垫在气隙中的绝缘垫板形成的。绝缘垫板的材质可选用环氧玻璃板或大理石板等。气隙厚度一般十几毫米，气隙的主要型式如图2-1所示。

（3）铁芯饼一般可做成平行阶梯状叠片形、渐开线状叠片形和辐射装叠片形，如图1-2所示。小容量干式电抗器铁饼采用阶梯装叠片方式，大容量的采用辐射状或渐开线状叠片方式。

（4）铁饼与气隙交替间隔叠装，环氧树脂粘贴、玻璃布带绑扎固定或环氧树脂高温模装固化，形成铁饼柱。电抗器具有良好铁芯饼柱整体刚性，可提高抗振性能和降低噪声。

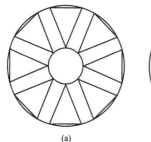  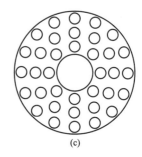

(a)　　　　　　　　　(b)　　　　　　　　　(c)

图 2-1　气隙的主要型式

（a）梯形环氧气隙垫板布置方式；（b）长方体石块气隙布置方式；（c）圆柱体大理石气隙布置方式

（5）铁轭夹件采用槽钢制造。铁轭的夹紧是靠夹件和穿芯螺杆以及旁螺杆来实现的。为了使带气隙的铁芯形成一个牢固的整体，铁轭、气隙、铁芯饼通常采用环氧树脂粘接后，采用拉螺杆结构将上下铁轭夹件拉紧并高温固化，使之成为一个牢固的整体。

（6）铁芯的接地结构。铁芯并联电抗器的接地必须做到一点接地，否则，会在铁芯中产生感应环流现象，最终造成铁芯发热，损耗增加甚至铁芯烧毁。

2. 干式铁芯电抗器的线圈

（1）干式铁芯电抗器的线圈一般采用优质无氧铜导线缠绕，用环氧树脂真空浇注，按特定的温度曲线固化成型。

（2）在浇注的过程中首先对高压线圈进行真空干燥，除去绝缘中的水分和气体，与此同时对环氧树脂和固化剂等材料进行真空脱气处理，并通过计算机控制，按设定的比例压入静态混料器中，然后在真空状态下注入线圈中，浇注结束后，在烘炉中高温固化。最终制成的线圈具有外表美观光亮，绝缘性能好，局放小，抗短路能力强，在高温运行时，线圈表面不会龟裂。

（3）绕组的寿命决定了电抗器的使用寿命，绕组寿命是由热点温度决定的，F 级绝缘的最热点温升极限是 115K，即绕组最热点温度不能超过 155℃，否则，势必要损伤绕组的绝缘，影响电抗器产品的使用寿命。另外，绕组的气道结构及绕组的轴向、辐向高度尺寸是影响产品散热性能的重要参数。

（4）多包封电抗器线圈包封间有轴向散热气道，具有较好的散热性能。

（5）电抗器铁芯和绕组都不浸在任何液体之中，其冷却方式为空气自冷，无漏油，便于制造和维护，运行方便。

（6）电抗器表面覆盖抗老化的有机磁漆，耐候特性良好。

3. 干式铁心电抗器的特点

（1）磁通以硅钢片为导磁介质形成闭合回路，对周围环境无电磁污染。相同容量下的铁芯电抗器比空芯电抗器体积小很多。

（2）绝缘强度高。产品高压绕组采用特种分段圆筒式结构，通过改善层间电压的分布，提高了该产品耐受大气过电压和操作过电压的冲击强度。

（3）抗短路能力强。由于树脂的材料特性，加之绕组是整体浇注，经加热固化成型后成为一个刚体，所以机械强度很高，经突发短路实验证明，因短路而造成损害的极少。

（4）耐环境性能优越。环氧树脂是化学上极其稳定的一种材料，防潮、防尘，即使在极其恶劣的环境下也能可靠的运行。停运后无需干燥预热即可再次投运。

（5）运行损耗低，运行效率高。

二、干式空心电抗器绝缘特性与结构特点

干式空心电抗器结构简图如图 1-7 所示。干式空心电抗器以空气作导磁介质，空心结构，磁路磁阻大，电感值小且电感值为常数，所以不存在磁饱和的问题。从外观上看，空心电抗器的顶部和底部是具有对称结构的星架臂，星架臂中心的吊环是用来起吊安装，在星臂中有一进线臂位于顶端，同理有一出线臂位于底端，绕组使用性能优良的电磁铝线焊接固定在星臂上，绕组经过紧密绕制后固化、喷砂、喷漆形成包封。包封与包封之间是相互并联的电气连接关系，组间电压极低，相应部位几乎等电位，电场分布非常理想，并且包封间沿径向方向有若干绝缘撑条预留气道来保证散热，电抗器整体和线匝之间的绝缘是通过浸有环氧树脂的长玻璃纤维丝来保证。

（一）干式空心电抗器绝缘特性

干式空心电抗器绝缘分为内绝缘和外绝缘。

内绝缘体现为绕组导线的匝间绝缘和各包封层之间层间绝缘，匝间绝缘主要由导线薄膜构成，绝缘性能也由薄膜材料的绝缘性能决定。实际工程中常用的薄膜材料有聚酯和聚酰亚胺两种，其中聚酯薄膜为公认的 B 级绝缘，聚酰亚胺薄膜为公认的 H 级绝缘。层间绝缘由绕组导线薄膜和浸有环氧树脂的玻璃纤维组成的复合绝缘构成，这种复合绝缘体系在实际工程中公认为 F 级绝缘。

外绝缘体现为电抗器上、下端子之间的绝缘和下端子对地面的绝缘（实

际工程中常称之为端对端绝缘水平和端对地绝缘水平)。端对端绝缘水平主要考核干式空心电抗器本体绝缘水平，分为端对端雷电冲击耐受电压水平和端对端操作冲击耐受电压水平两项考核指标；端对地绝缘水平主要考核支柱绝缘子绝缘水平，分为端对地雷电冲击耐受电压水平、端对地操作冲击耐受电压水平、端对地工频耐受电压水平（或端对地直流耐受电压水平）三项考核指标。以上考核指标均由电力系统计算提出性能要求值，电抗器制造厂家根据要求进行设计及生产制造。

（二）干式空心电抗器结构特点

（1）无油结构，杜绝了油浸电抗器漏油、易燃等缺点，保证了运行安全。没有铁芯，不存在铁磁饱和，电感值的线性度好。

（2）程序化设计，可以按照用户的不同使用要求快速准确的设计出最理想的结构参数。

（3）采用多层绕组并联的筒形结构，各包封之间有成通风气道，散热性好，热点温度低。

（4）绕组选用小截面圆导线多股平行绕制，可使涡流损耗和漏磁损耗明显减小。

（5）绕组外部用浸渍环氧树脂的玻璃纤维缠绕严密包封，并经高温固化，使之具有很好的整体性，其机械强度高，耐受短时电流的冲击能力强。

（6）采用机械强度高的铝质星形接线架，涡流损耗小。

（7）空心电抗器的整个内、外表面上都涂有抗紫外线防老化的特殊防护层，其附着力强，能耐受户外恶劣的气候条件。安装方式可三相垂直，也可品字或一字形；户外露天使用可大大减少基建投资；运行安全、噪声低，不需经常维护。

（8）根据用户要求，其电感量可以做成可调的，调节范围可达5%或更大范围。

（三）干式空心电抗器匝间短路故障原因分类

干式空心电抗器匝间短路故障原因大体分为：

（1）制造工艺缺陷引发匝间短路电抗器生产时，为了避免产生绝缘开裂的情况，选择与绝缘材料膨胀系数相差不大的铝线作为导线的材质。干式空心电抗器绕制过程中，对环境的要求较高，铝线表面存在的杂质、毛刺、起皮等缺陷，这些微小的因素有可能引起导线在运行过程中局部放电，进而引发匝间绝缘故障。

（2）运行环境恶劣。干式空心电抗器作为电力系统的核心电器设备，通常安装在户外。由于在高温、潮湿的环境下，电抗器匝间绝缘性能恶化程度与时间成正比，匝间绝缘性能会逐渐劣化、变脆、受潮，形成导电通道引发线匝短路。

（3）运行状态在线监测手段不足。目前变电站内，干式空心电抗器的监测大多采取静态方法来评估绝缘状态，因此不能全面感知和有效评估，而且针对匝间短路故障，在高压强场的电磁干扰下，采用磁场探测法与光纤测温法误差较大，匝间短路故障难以发现，几乎很难满足电抗器在线监测的要求。

三、干式铁心电抗器与干式空心电抗器性能比较

（一）损耗

按照不同标准，相同容量的常规铁芯与空心串联电抗器的损耗比值分别为 1∶2 和 1∶3。JB/T 5346《高压并联电容器用串联电抗器》和 DL 462《高压并联电容器用串联电抗器订货技术条件》规定 75℃时损耗值见表 2-1（允许偏差＋15％），两者虽然差异较大，但铁芯串联电抗器比干式空心电抗器远为节能（因其导磁、导电效率高及磁路漏磁少，故而电阻、涡流、杂散损耗及附加的外部环境涡流损耗均小得多）。

表 2-1　　　　　两种标准规定的常用三相串联电抗器的允许损耗

电抗器容量（kVA）		216	300	480	600	960
JB/T 5346	铁芯（W）	2479	3172	4512	4849	6899
	空心（W）	7044	9012	12821	15157	21563
DL 462	铁芯（W）	2592	3600	4800	4800	5760
	空心（W）	5184	7200	9600	9600	11520

（二）电磁干扰

由于铁芯的存在，使铁芯电抗器绝大多数磁力线在铁芯内部形成闭合回路，除在绕组高度内的调感气隙处有少量漏磁外，其他部位的空间漏磁一般不会对周围产生电磁干扰。空心电抗器磁力线经周围空气形成闭合回路，磁场发散严重，对周围有较强的电磁干扰，需远离居民区、高层建筑，特别是电子产品使用较多的控制中心。

容量、体积大小不同的空心电抗器绕组附近的磁感应强度和磁场能量有较大区别，但其磁感应强度分布曲线若以绕组外径的倍数为横坐标，其形状

却大致相同。

在距空心电抗器中轴线 1.1 倍外径处，场强仍有 0.6mT；1.7 倍外径处，场强约为 0.2mT。如要将场强降至 0.1mT，距离须为距电抗器绕组中心约 2 倍外径处。而铁芯电抗器绕组外径较小且磁场衰减快，只要满足电气绝缘和散热所需的距离即可，一般不必考虑漏磁对安装环境的影响。以 10kV、300kvar 的铁芯、空心串联电抗器安装占地面积为例作比较，空心电抗器（CKSCKL-300/10-6）三相水平安装时的占地面积（16.1m²）为铁芯电抗器（CKSC-300/10-6）占地面积（2.1m²）的 7.6 倍，空心电抗器三相叠装时占地面积（7.0m²）也为铁芯电抗器的 3.3 倍。可见铁芯电抗器比空心电抗器节约用地。

（三）噪声

由于硅钢片磁致伸缩引起铁芯电抗器的铁芯振动，铁饼之间、铁饼与上下铁轭之间电磁吸力周期变化产生的振动较大，再加上结构复杂，使铁芯产品的噪声控制比空心产品的噪声控制难度大。

（四）电抗值

由于铁芯电抗器的主磁路由导磁率较高的硅钢片材料构成，当磁密较高时，铁心会饱和并导致电抗值变小；如在国标中特别要求铁芯串联电抗器在 1.8 倍工频额定电流下电抗值与额定电抗值偏差不超过 -5%。尽管铁芯电抗器有饱和现象，但电抗率达到 $4.5\% \sim 13\%$ 的串联电抗器仍有较好的减小合闸涌流的作用。而空心电抗器的磁路由空气构成，不存在饱和现象，电抗值保持不变。因此如果是专用于限制短路电流的限流电抗器，对电抗器的电抗线性度要求较高，就应该尽可能选用空心产品。

（五）可靠性

铁芯电抗器运行故障率低，主要由于其绕组、铁芯均为真空浇注，质量容易保证。其故障多为运行中振动所引起紧固件松动、噪声偏大，一般再次拧紧即可，绕组烧毁事故极少。

空心电抗器运行故障率较铁芯产品高得多，特别是户外运行的产品。其故障多为绕组匝间短路，主要原因是局部磁场较强导致局部温升过高、绝缘老化损坏击穿、局部放电电弧烧毁、绕组被雨淋时包封表面爬电、过电压等。

如果铁芯电抗器出现故障，可以分解检修，只需更换损坏的部件，维修成本低。而空心电抗器的故障多出现在绕组包封内部，通常无法修复，只能整体报废。根据行业内近 10 年的数据统计，铁芯电抗器的故障率只有空心电抗器的 12.7%，具有较高的可靠性。

四、干式空心电抗器设计方法

（一）干式空心电抗器绕组设计方法

干式空心电抗器的设计是在确定电抗器的电气参数的前提下，如额定电压、额定电流、额定电感、绝缘水平以及电抗器的工作形式等，利用相关理论或公式推导计算得出干式空心电抗器的结构方案，例如匝数、结构高度、电流分布、结构尺寸、直流电阻、交流电阻、温升等参数。由于在计算过程中涉及诸多参数的相互影响，在实际工程中，结合实际应用条件，会对电抗器的结构方案提出一些约束条件，例如温升限值、损耗限值、外形尺寸、安装重量等。

随着对干式空心电抗器认识的不断深入，计算机能力的逐步提升，干式空心电抗器的设计方法有等电流法、等电流密度法、不等电密法（等温升法）以及被广泛引用的等温等压法。不同的设计方法是在确定电抗器电气参数和基本结构参数（如包封数、内径和线径等）后按照不同的约束条件建立等式以求得空心电抗器的安匝数。顾名思义，等电流法是以各包封电流相等为约束条件的一种设计方法，这就要求各包封的阻抗值相等；等电流密度法是指以各包封的电流密度相等为约束条件，是干式空心和干式半心电抗器的常用方法之一，但是这种方法在设计电抗器时，各包封的电流、损耗以及温升会随包封内并联支路的增加而越来越大。等电阻电压法是以包封电阻电压相等为约束条件的一种设计方法，其能够保证各支路的损耗和是最小的。不等电流密度法是以各包封温升相等为约束条件一种设计方法，此方法设计是为防止包封的局部过热，这种方法可以最大限度利用金属材料。考虑到实际工程中存在交、直流混合工况，常用的设计方法是等温等压法：干式空心电抗器为多层绕组并联结构，每层绕组有自感 L_1，L_2，L_3，$\cdots$，L_n，层与层之间有互感 M_{12}，M_{13}，M_{14}，$\cdots$，M_{1n} 等，并且每层绕组有不同的直流电阻 R_1，R_2，$\cdots$，R_n 直流电阻值随温度变化而变化。电抗器的电路拓扑等效于每层包封电抗之间的并联电路，如图 2-2 所示。

因为各个包封在电气连接上是并联的，这使得它的各包封的端电压值相等。此时，设电抗器外施交流电压为 U，各支路电流为 I，则电路的电压矩阵为

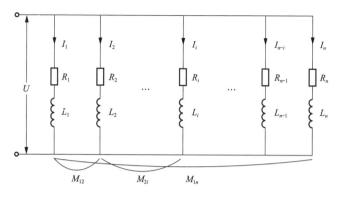

图 2-2 电抗器的电路

$$
\begin{bmatrix}
\begin{bmatrix}
R_1 & 0 & 0 & \cdots & 0 \\
0 & R_2 & 0 & \cdots & 0 \\
\vdots & \vdots & \vdots & & \vdots \\
0 & 0 & 0 & \cdots & R_n
\end{bmatrix} + j\omega \\
\times
\begin{bmatrix}
L_1 & M_{12} & M_{13} & \cdots & M_{1n} \\
M_{21} & L_2 & M_{23} & \cdots & M_{2n} \\
\vdots & \vdots & \vdots & & \vdots \\
M_{n1} & M_{n2} & M_{n3} & \cdots & L_n
\end{bmatrix}
\end{bmatrix}
\times
\begin{bmatrix}
I_1 \\
I_2 \\
\vdots \\
I_n
\end{bmatrix}
=
\begin{bmatrix}
U \\
U \\
\vdots \\
U
\end{bmatrix}
\tag{2-1}
$$

$$
K_Z = K_R + j\omega \times K_L = K_R + j \times K_X
$$

式中：K_Z 是阻抗矩阵；K_R 是电阻矩阵；K_L 是电感矩阵；K_X 是电抗矩阵。

以上是干式空心电抗器方案计算的理论依据，由于计算过程涉及不断迭代的过程，计算量非常大，因此在实际工程中，需要借助计算机辅助设计系统进行方案设计。

（二）支撑体系抗震设计

在电抗器设计阶段，会对电抗器支撑结构进行抗震计算。计算依据 GB 50260—2013《电力设施抗震设计规范》给出的反应谱法进行，设计地震加速度通常会比要求值大 $0.1g$，超额满足规定值要求。

1. 校核依据

参照 GB 50260—2013《电力设施抗震设计规范》的 6.3.8 "电气设施的结构抗震强度验算，应保证设备和装置的根部或其他危险断面处产生的应力值小于设备或材料的容许应力值"。

对于钢结构和铝合金结构，参照 GB 50017—2003《钢结构设计规范》和

GB 50429—2007《铝合金结构设计规范》，容许应力值可选取材料的设计值作为容许应力值。

在 GB 50260—2013《电力设施抗震设计规范》的 6.3.8 条的条文说明中，对于瓷绝缘子的容许应力进行了单独说明，地震作用和其他载荷产生的总应力应小于绝缘子的破坏应力值/1.67，电抗器采用的是复合绝缘子，参照对瓷绝缘子的校核方式，使用破坏应力进行校核，在地震和其他荷载组合时的短时联合工况下，绝缘子应力应当小于其破坏应力，并且安全系数大于 1.67。

2. 抗震计算及荷载组合

电抗器采用反应谱法进行抗震设计，计算地震作用的地震影响系数应根据场地指数、场地特征周期和结构自振周期确定。

场地的特征周期计算式为

$$T_g = 0.65 - 0.45\mu^{0.4}$$

式中：μ 是场地指数，取为 0.45。

地震影响系数计算式为：

(1) 当 $0 \leqslant T \leqslant 0.1$ 时，$\alpha(t) = [0.4 + (\eta_2 - 0.40) \times T/0.1] \times \alpha_{max}$；

(2) 当 $0.1 \leqslant T \leqslant T_g$ 时，$\alpha(t) = \eta_2 \times \alpha_{max}$；

(3) 当 $T_g \leqslant T \leqslant 5T_g$ 时，$\alpha(t) = (T_g/T)^\gamma \eta_2 \times \alpha_{max}$（$\gamma$ 为衰减指数）；

(4) 当 $5T_g \leqslant T \leqslant 6T$ 时，$\alpha(t) = [\eta_2 \times 0.2^\gamma - \eta_2(T - T_g)] \times \alpha_{max}$；

其中，$\alpha(t)$ 是水平地震影响系数；α_{max} 是水平地震影响系数的最大值；T 是结构的自振周期。

风荷载采用规范确定，其中风压高度系数、风荷载体型系数、顺风向风振和风振系数等均需要根据项目实际情况进行考虑。冰雪荷载同样根据现场要求进行计算。

在模拟地震振动台试验过程中，考虑的地震作用效应与其他荷载效应组合，定义为地震组合，计算式为

$$S = 1.0 \times S_{GE} + 1.0 \times S_E$$

根据规范，电力设施的地震作用效应与其他荷载效应组合，定义为校核组合，计算式为

$$S = 1.0 \times S_{GE} + 1.0 \times S_E + 0.28 \times S_W + 0.7 \times S_I$$

式中：S_{GE} 为重力荷载代表值效应；S_E 为水平地震作用标准值效应，应同时计入水平和竖向地震作用；S_W 为风荷载作用标准值效应；S_I 为冰荷载作用标准值效应。

在仿真计算中对电抗器施加上述荷载组合后，可得到其支撑结构最大位移、最大梁单元应力、固有频率、绝缘子材料最大应力、安全系数等，继而可得数其是否满足相应技术规范的抗震要求的结论。

（三）电抗器过负荷能力设计

电抗器均采用耐热性能好的绝缘材料，以便允许绕组具有相对较高的温升限值，并使绕组导体能够耐受较大的电流密度。根据设备规范对温升的要求，选择适合的绝缘体系。另外，过载能力是反映电抗器性能的一个重要指标，它与环境温度、过载前负载率、持续运行电流、过载持续时间以及过载所允许的工作温度极限等诸多因素相关，需要从各种条件对电抗器的过载能力进行分析。

1. 计算原则

过载条件下的工作温度极限与寿命设计指导思想和材料的热老化性能有关，不同设备标准、不同厂家以及不同用户都持有不同观点，是一个视具体情况决定的技术问题，没有统一规定、普遍适用的原则，国际上有以下两种观点。

第一种观点，对于实际负载率长期偏低的设备，比如负载率一般不足50%的线路阻波器、限流电抗器等，由于实际运行时的温升远远低于额定状态下温升，设备具有相当富裕的热寿命，那么短时过载工况下的最大工作温度可以超过绝缘材料的温度指数，比如对于 B 级绝缘，可以超过130℃而允许达到155℃，又比如 F 级绝缘，可以超过155℃而达到210℃。由于这种原则允许最大工作温度（环境温度与温升之和）短时间超过限值，故可以简称为温度过载原则。

第二种观点，对于长期负载率并非很低的设备，比如并联电抗器等，由于实际运行时的温升长期接近设计温升，设备的实际寿命与预期寿命相比不会有太多的富余，那么过载工况下的最大工作温度，不应当超过绝缘材料的温度指数，比如对于 B 级绝缘，应限制130℃以下，又比如 F 级绝缘，应限制在155℃以下，H 级绝缘应限制在180℃以下。按照这一原则，假定环境温度正好达到设计规定的最高值（比如40℃），并且过载前的温升已经达到绝缘材料允许的温升极限，那么实际上就不允许电流过载，除非在额定持续电流下的温升已经为过载留下了温升裕度。这种原则不允许工作温度超限而是挖掘温升与环境温度的潜力来提高运行电流，故可以简称为温升过载而温度不过载原则。

特高压和超高压直流输电系统担负着区域性电网之间的能量传递，尽管平时负载率较低，但在某些特殊情况下的过载往往不能限制在十几分钟或几十分钟以内，而有可能连续数日过载或数日内频繁过载。按照这样的工况，不宜采取温度过载原则，尤其是考虑到设备造价昂贵，应保证足够的安全使用寿命，适合于采取温升过载而温度不过载原则，在温升设计上预先为过载留出适当的余量。

此外，过载倍数较高时，工作温度上升较快，在温升过渡过程尚未完成或者说温升达到新的稳定值之前，工作温度就达到了容许的上限值，在这种过载条件下，所允许的过载时间与过载前的负载率也有关联。

2. 温升试验

干式空心桥臂电抗器的温升试验包括直流温升试验和交流温升试验。通过对试验装置施加试验电流，测取电抗器热点温升，并在断开试验电流后，在降温过程中测取热态电阻值，绘制热态电阻曲线，并根据 GB/T 1094.2《电力变压器 第 2 部分：液浸式变压器的温升》的计算方法计算平均温升。

（四）动稳定计算及提高短路能力的方法

电抗器需要耐受技术规范规定的暂态故障电流试验冲击，以防止发生外部绝缘层的破坏。因为厚重绝缘型电抗器的导线截面和热惯性较大，具有足够的热容量承受短路电流产生的热量，因此多数情况下不会造成影响。

短路磁场力作用下，电抗器吊臂及包封层均应进行受力校核。对于吊臂，需计算得出从电抗器中心到接线端子板的受力情况，为了增加吊臂受力强度，可以通过在吊臂处进行加固处理，减小吊臂的弯曲应力；对于包封层受力，需要对电抗器各包封层进行受力分析，包括轴向应力及纵向以应力，当包封受力较大时，可调整包封结构，增加安全裕度。

（五）冲击电压下的绝缘裕度

1. 绕组匝间绝缘特性

干式空心电抗器绕组附近没有铁芯、油箱等接地体，各匝绕组横向（对地）电容很小，而匝间电容较大。这一结构特点使冲击电压沿线圈纵向分布比较均匀。冲击电压在首匝分布需考虑一定的安全倍数，保证产品绝缘设计能够满足现场可靠运行的要求。

2. 外表面绝缘特性

电抗器的外绝缘主要指各层绕组的表面绝缘。表面绝缘尺寸不足或处理措施不当时，容易出现贯通性沿面闪络以及污湿条件下的局部表面放电，形成漏电起痕现象。为避免这些问题的出现，电抗器上下端之间的表面爬电距离无疑越大越好。大多数情况下设计均能满足要求。

3. 憎水性涂层 RTV-Ⅱ

漏电起痕是一切有机绝缘材料在严重潮湿和污秽条件下特有的现象。根据这一现象发生的原因机理，在线圈表面喷涂 RTV-Ⅱ 防止绝缘表面形成连续性的水膜，抑制潮湿条件下表面泄漏电流及其分布密度，有效防止漏电起痕。

根据国内累计数千台电抗器的运行经验，电抗器表面涂覆憎水性涂层RTV，对抑制局部表面放电非常有效。国内最早开始应用特制的 RTV，已经运行接近 20 年，没有出现任何不良现象。

（六）电场、磁场分布

随着干式空心电抗器的普遍使用，越来越多的国内外学者对干式空心电抗器的磁场计算进行研究，现今主要的计算空心电抗器磁场的方法有解析法、数值法和测量实验法。利用静电场数值分析方法，可对电抗器及周围区域进行建模分析计算，模拟距离附近电场分布情况。

在计算最大磁场强度时，电流激励源按照直流电流和谐波电流叠加的代数和选取，最大磁场强度为直流电流产生的恒定磁场和谐波电流产生的交变磁场的叠加。对于交流电流，根据 HJ/T 24—1998《500kV 超高压送变电工程电磁辐射环境影响评价技术规范》、GB/T 17626.8—2006《电磁兼容、试验和测量技术工频磁场抗干扰试验》及相关文献，得到在谐波合成电流下，工作人员不能在电抗器周围磁场强度大于等于 80A/m 的区域长时间逗留，人员不能在磁场强度大于等于 1A/m 的区域内办公及居住。可根据该磁场强度计算得到相应的范围。

并且有越来越多的研究针对如何有效的屏蔽电气设备附近的电磁场，研究结果表明，在电抗器底部架设屏蔽板或在外围安装屏蔽版都有漏磁屏蔽效果，但是需考虑屏蔽板与电抗器之间距离，防止其对电抗器本体产生损耗。

（七）电抗器降噪

为了最大程度降低电抗器的噪声，结合电抗器发热量大、绝缘水平要求较高、噪声功率较大的特点，需进行降噪设计。

当电抗器绕组通过交流电流时，流经绕组的电流会在电抗器内部、外部产生磁场，磁场反过来作用于载流的绕组，于是对绕组产生磁场力。当通过的电流随时间交变时，磁场的大小和方向随之变化，于是绕组导线所受的磁场力在大小上发生变化，引起绕组的振动。电抗器的电磁噪声在很多方面与一般交流电抗器有很大区别。由于电抗器电磁振动的动力主要是直流电流形成的恒定磁场作用于绕组内各次谐波电流所产生的交变磁场力，以及谐波电流的磁场作用于绕组内直流电流形成的交变磁场力，而直流磁场较大，恒定磁场较强，将谐波电流所产生的交变磁场力放大，所以电抗器所产生的噪声水平随直流电流而增大。当噪声较大时，可以装设降噪装置进行降噪处理。

1. 声压级

声压级应是 GB/T 1094.10《电力变压器 第 10 部分：声级测定》所规定的测量位置处的任意点的 A 计权声压级。应注意，由于受试验设备和方法的限制，可能难以提供 1/3 倍频程或 1/8 倍频程的声压频谱和频谱中声压级很低的频谱成分。制造方可根据线谱法提供与基波频率和各次谐波频率相对应的单频声压级和合成总声压级。

2. 声功率级

声功率级应以声压级为基础，按 GB/T 1094.10 规定的方法进行折算。保证的声功率级应以订货时规定的额定直流电流以及规定的谐波电流频谱为基准。噪声计算用谐波电流频谱由用户根据系统条件来确定。

（八）电抗器防腐蚀

电力设备长期暴露在高浓度的盐雾环境下，电气性能和机械性能会受到显著影响，产品的耐盐雾能力尤为重要。金属在盐雾环境下最容易受到腐蚀，除此之外，产品的其他结构也应对耐盐雾性能引发的老化问题进行研究。电抗器按材质不同主要可以分为金属结构、环氧玻璃钢、表面涂层、绝缘子伞裙四个部分，均需满足现场环境条件要求。

1. 金属结构

电抗器选用不锈钢与铝合金材质作为金属部件，不锈钢和铝合金表面都存在一层致密的钝化膜，因而耐大气腐蚀性能要远远好于碳钢，但资料显示，其难以长期耐受高盐雾环境。为进一步增强金属部件的耐盐雾能力，可对不锈钢结构件和螺栓达克罗处理，对铝合金采取防腐漆涂装处理。

2. 环氧玻璃钢

环氧玻璃钢具备质轻高强、高绝缘、耐腐性能优良的特点，有资料研究表明：环氧玻璃钢在不同腐蚀介质中浸泡 1 年，其弯曲强度保留率仍在 90%以上；另外，玻璃钢还具有优良的耐大气环境腐蚀能力，如在亚热带沿海地区自然暴露 10 年后，其机械性能保留率仍在 75％以上。因玻璃钢性能、特别是耐腐优良，已成为世界中、小型游艇和高速快艇制造的首选原料。

3. 表面涂层

电抗器表面涂层为包封外表面喷涂的憎水耐污性 RTV-Ⅱ涂料，该涂层柔韧性好，可防止腐蚀性水汽渗入内部。按 GB/T 22079《齿轮测量中心》的方法，对涂层进行 5000h 人工老化试验，材料性能仍能满足运行要求。

4. 绝缘子伞裙

电抗器的支撑体系若采用复合支柱绝缘子，其芯棒与线圈耐盐雾性能相当，绝缘子伞裙采用 HTV 护套制作。通过 HTV 配方调整，优化耐盐雾能力，对此按照 GB/T 25096《交流电压高于 1000V 变电站用电站支柱复合绝缘子——定义、试验方法及接收准则》方法，进行 1000h 多应力盐雾老化试验验证后，其性能良好，具有优异的耐盐雾特性。

（九）干式空心电抗器防鸟

电抗器在运行过程中，经常会有鸟类在电抗器顶部进行筑巢、进食、排泄等活动，这会严重影响电抗器的安全运行，尤其是鸟类的排泄物会黏着于电抗器风道内，长期积聚后会使电抗器发生闪络事故；其次，鸟类排泄物会沿着电抗器包封层表面下滑，形成一条长长的短路带，使电抗器有发生短路的危险。因此，需要一种电抗器防鸟装置，通过安装该装置，可以有效地防止鸟类进入电抗器，避免运行过程中发生鸟害事故，保证电抗器安全运行，保护输变电系统的安全。

鸟类进入电抗器内部的途径有两条，一条是通过防雨帽与电抗器上端部之间的间隙，另一条是通过电抗器内径空腔。为切断这两条途径，防鸟装置应由相互独立的顶部防鸟格栅和底部防鸟格栅组成。

顶部防鸟格栅是由 6～8 片 L 型防鸟栅组成，每个 L 型防鸟栅是由玻璃钢框架和内部玻璃网格构成。L 型框架的上端面玻璃钢打有 ϕ12mm 圆孔，用于与电抗器防雨帽下边沿连接固定；L 型框架侧面玻璃钢也打有 ϕ12mm 圆孔，用于相邻两片 L 型防鸟栅的连接；底面和侧面框架内部铺设玻璃网格，根据实践经验，采用 15mm×15mm 的玻璃网格效果较好。

底部防鸟格栅是由 6～8 片扇形防鸟栅组成，每个扇形防鸟栅也是由玻璃钢框架和内部玻璃网格构成。其中玻璃钢框架上打有 ϕ12mm 圆孔，用于与电抗器下部汇流排连接；框架内部铺设 15mm×15mm 的玻璃网格。

在电抗器上安装防鸟装置时，首先用螺栓将每片 L 型防鸟栅固定在防雨帽下沿，然后再用螺栓将相邻的 L 型防鸟栅连接固定，即完成顶部防鸟格栅的安装；底部防鸟格栅的安装是用螺栓分别将每片扇形防鸟栅直接固定在电抗器下汇流排上。如上所述，优化后的防鸟格栅安装十分简单，结构强度也非常牢固；框架内铺设的玻璃网格既保障了通风散热，又可防止鸟类飞入电抗器内部。

第二节 电 抗 器 制 造

一、干式空心电抗器制造工艺与流程

干式空心电抗器制造工艺与流程简图如图 2-3 所示。

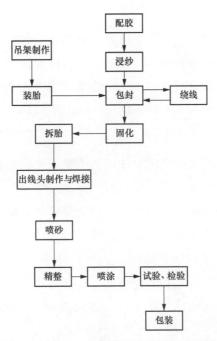

图 2-3　干式空心电抗器制造工艺与流程简图

1. 吊架制作

吊架制作包括吊架的组焊、绑扎水平带以及入干燥炉预固化。制作过程要根据设计部门提供的施工图纸进行。

2. 装胎

装胎也叫胎具组装，是制作电抗器工序中重要的一步，胎具组装是按照技术要求，将若干种材料、零件、半成品组成模具的过程。装胎要根据设计部门提供的装胎单和施工图纸准备合适的胎盘、足量长度的胎管等，最终将制作完成的吊架按照装胎单要求组成电抗器绕制的模具，胎具组装完成后进行测量，将尺寸偏差控制在设计要求范围内。胎具检验合格后，可移交下一道工序。

3. 配胶

配胶在电抗器生产环节属于关键过程。关键过程就是对形成产品质量起决定作用的过程。准备经过校准的专用容器，根据工艺单要求，选取对应的胶水、固化剂和溶剂、并充分搅拌，清理胶水桶、固化剂、溶剂桶表面杂物和灰尘，按照正确的方法开启胶水、固化剂桶，将调配好的环氧胶倒入浸胶槽，准备浸渍玻璃纱。

4. 浸纱

浸纱即玻璃纤维浸胶。根据设计要求准备相应的玻璃纱。浸纱前确认浸胶设备状态良好。将空纱轴放在收纱机上。将玻璃纱团放在放纱架上，将纱经过胶槽穿纱孔后将纱线固定在纱轴上。将调配好的环氧胶倒入浸胶槽后，起动浸纱机，开始浸纱，将浸胶后的纱线缠绕到空纱轴上，直至空纱轴缠满。

5. 包封

包封过程是对产品质量起决定作用的关键过程。根据设计提供的包封单上的序号，找到对应胎具，准备好包封用的玻璃钢通风条、浸胶玻璃纱准备包封。将对应胎具放置在包封机上，包封前调整包封滑臂使其高度合适，将玻璃纱放置在包封机放纱架上，将浸胶玻璃纱线拉出至包封机头后，根据包封单要求进行包封。

该层包封完毕后进入该层的绕线工序，将胎具放置在绕线机上，待该层绕线完成，进行本层的外包封工序以及通风条和下个导线层的内包封工作，如此包封、绕线循环往复，直到线圈本体绕包完成。

6. 绕线

绕线过程也是影响产品质量的关键过程。绕线前认真阅读绕线单，确认需用导线已经具备。找到对应的胎具，确认该层内包封已经施工完成，将胎具放在绕线机上，找到需用导线并放置在线架上。将导线从线轴上引至绕线机头位置，根据施工单要求开始绕线，并根据施工单要求绕制到规定圈数，检验确认无误后，进行收头，该大层绕制完成后，进行相应试验，将胎具吊至包封机上进行外层包封，如此循环往复直到线圈本体绕包完成。

7. 固化

固化是将环氧玻璃纱缠绕的产品进行加热固化的过程。固化工艺是电抗器生产环节中的特殊过程。固化前检查干燥炉是否能正常工作，添加或更换记录纸，将包封完毕并经检验合格的线圈放置入干燥炉，根据设计要求进行固化。

8. 拆胎

拆胎前的准备工作：选择好适合的地点，拆胎时防止胎管碰伤周围物体。将线圈从干燥室吊到已选定的地点。检查将要拆胎的线圈是否存在损伤等状况。

在确认线圈正常后，准备拆胎。拆胎是装胎的逆过程。拆胎过程中不要伤及产品表面，通风条，出线头，水平绑扎带和吊臂。取下吊环，取出胎管等，完成拆胎工作。

9. 出线头制作与焊接

将拆胎后的线圈放置在合适的支架上，准备好必备的工具。根据引出线的根数和做头位置，确定做头数量和长度。焊前用专用工具清理预焊表面，将导线焊接在预焊表面。

10. 喷砂

喷砂工艺采用压缩空气为动力，将喷料利用高速砂流的冲击作用清理和粗化电抗器表面和通风道的过程。由于磨料对工件表面的冲击和切削作用，使电抗器表面获得一定的清洁度和粗糙度，增加了电抗器表面和喷漆层之间的附着力，延长了喷漆层的耐久性。用压缩空气吹掉残留在产品表面和通风道内部等部位的喷料，喷砂结束，准备进行下一道工序。

11. 精整

精整工作在电抗器生产过程中是一项不可缺少的工序，精整质量直接影响到电抗器喷漆效果和产品的整体外观质量。精整工作主要是清理胶流、纱头等。精整完线圈主体后，需要对接线端子板进行防护，防止在喷漆时漆进入到端子板的连接处。完成后将精整过的线圈吊到喷漆平台上。

12. 喷涂

电抗器精整完成后，对电抗器进行喷漆：喷 RTV-Ⅱ（如有，根据设计需求），喷厂标厂名的工序。喷漆的目的是保护电抗器长期在户外运行时，避免紫外线直接照射，延长使用寿命。喷涂 RTV 能够提高产品的防污闪能力。

13. 试验、检验

根据设计要求对线圈进行出厂试验、型式试验（温升试验）、特殊试验，绕组电阻测量、电感测量、损耗和品质因数测量、绕组过电压试验、端对端雷电冲击试验、端对地雷电冲击试验、声级测定等。

14. 包装

对检验合格的产品进行线圈主体和辅件的包装。根据设计提供的装箱单以及包装要求，将线圈主体和辅件分别包装，包装过程注意对产品和辅件做好防护，避免磕碰，包装完成后，箱体上按要求进行标识。

二、干式空心电抗器出厂试验

根据用途不同，干式空心电抗器出厂试验项目也不同。

平波电抗器出厂试验包括直流电阻测量、50Hz和谐波频率下的电感和交流电阻测量、主要谐波频率下的阻抗和品质因数测量、损耗测试、负载试验、端对端雷电冲击全波试验、端对端中频振荡电容器放电试验、端对端杂散电容和高频阻抗测量。

滤波电抗器出厂试验包括绕组电阻测量、电感测量、损耗和品质因数测量、绕组过电压试验。

限流电抗器出厂试验包括绕组电阻测量、阻抗测量、损耗测量、绕组过电压试验。

并联电抗器出厂试验包括绕组电阻测量、电抗测量、损耗测量、对地工频耐压试验、温升试验、端对端雷电冲击试验、端对地雷电冲击试验、声级测定。

串联电抗器出厂试验包括绕组电阻测量、电抗测量、损耗测量、对地工频耐压试验、温升试验、端对端雷电冲击试验、端对地雷电冲击试验、声级测定。

1. 绕组电阻测量

由于电抗器热惯性较大，环境温度变化时试品的温度不能及时变化，需要相当长的时间才能达到与环境温度相同或相近，因此试品在测试冷态直流电阻前，应当在温度相对稳定的室内并且无风的环境下放置足够长的时间，使试品温度与环境温度相同或接近。电抗器的直流电阻应当使用基于伏安法的数字式微欧计测量。

2. 电感、交流等效电阻、谐波损耗测量与品质因数测量

试验条件与上文相同。试验时，试品与地面之间的距离应不小于试品绕组的半径，支撑物应由绝缘材料制作。地面下应不存在钢筋网等金属回路以

及尺寸可以和试品绕组直径相比拟的大型金属件。

试验前后的电抗测量应使用同一块仪表、同样的量程、同样的试验电流及同样长度的引线,甚至引线方向及仪表与试品的相对位置也应保持不变。

空间电磁场和地网电位波动可能会对大电感空心线圈的电感测量产生不确定的干扰。当电感测量值超过预期偏差极限时,可重复测量三次,并取三次测量结果的平均值作为测量结果,以最大限度地排除偶然性电磁干扰的影响。

在室温下,对试品施加一定范围内尽可能大的正弦交流电,同时测量电压、电流及损耗,采用谐波电源、功率分析仪进行测量。绝缘试验前后,测量一定频率下的电抗并计算品质因素值。根据电感计算公式、交流电阻计算公式、品质因数计算公式、谐波损耗计算公式得出所需结果。

3. 端对端高频阻抗和杂散电容测量

使用高频阻抗测试仪测量。电抗器应完全组装,试验引线应尽可能短。测量频率时,在电抗器自谐振频率附近,应额外缩小测量步长,以准确找到试品的自谐振频率(阻抗达到最大值)。端对端高频阻抗和杂散电容测量结果以测量仪器直读值为准。所有试验结果以测量曲线和数据表两种形式表征。试验报告中给出自谐振频率及阻抗。

4. 端对端雷电冲击全波试验

试验电压为负极性全波。试验设备有冲击电压发生器和冲击测量系统。试验在干燥状态下进行,对电抗器的上、下端子分别施加一次负极性的雷电全波半电压,然后三次负极性幅值的全波电压。一端加电压时,另一端经分流器接地。试验时记录电压和电流波形图。电流、电压波形稳定不变,试品内部无烟雾、异常声响,试品绝缘表面无沿面闪络。

5. 温升试验

作为型式试验,应在加装防雨降噪装置的状态下进行,且试验前应完成冷态直流电阻测试。试验时,试品与地面之间的距离不宜小于平波电抗器绕组厚度的一定倍数,试品应免受日光照射的影响,试品周围风速不应太大。

温度测量包括线圈热点温度测量;环境温度测量;接线端子、星形臂等金属结构件温度测量;绕组平均温升测量,切断试验电流后,测量绕组的热电阻,依此计算得出绕组平均温度;热时间常数的测量。

热时间常数测试属于型式试验,在等效直流温升试验时测量。

结果判断:试验过程中不出现烟雾、局部温升异常偏高和异常放电声响,不允许出现设备变形、裂缝、材料劣化或变色。绕组热点温升、平均温升、接线端子和金属附件温升不应超过要求值。

6. 端对端雷电冲击截波试验

试验在干燥状态下进行，被试端连接冲击电压发生器及分压器。另一端通过示伤电阻接地，或通过支撑电阻接地，但要控制非被试端对地电压不超过额定雷电冲击电压的75%。在电抗器的两个端子上分别进行。在50%试验电压下，调整试验电压波形，同时记录被试端电压和示伤电流波形。雷电截波冲击试验与雷电全波冲击试验（例行试验）结合起来进行时，试验顺序为：1次50%全电压全波冲击、1次100%全电压全波冲击、1次50%全电压截波冲击、2次100%全电压截波冲击、2次100%全电压全波冲击、1次50%全电压全波冲击。

与减低幅值的冲击试验电压相比，100%电压下的电流、电压波形稳定不变，试品内部无烟雾、异常声响，试品表面无沿面闪络。

7. 端对地雷电全波冲击试验

试验时，按运行方式将电抗器线圈安装（电抗器尺寸较大时也可采用单层尺寸与正式产品相同的模型线圈）在由支柱绝缘子构成的绝缘子支架上，均压环及其他金属附件按运行方式装配。试验在干燥状态下进行。电抗器模拟线圈上下端子短接连接冲击发生器及分压器，支撑绝缘子底座接地。在50%试验电压下，调整试验电压波形，按照以下顺序依次进行试验，记录被试端电压波形：1次正极性50%电压全波冲击、3次正极性100%电压全波冲击、3次负极性100%电压全波冲击。

在上述七次冲击下，应不出现一次以上沿面闪络或其他异常现象。如果出现一次沿面闪络现象，则应另追加九次该极性的冲击，且不应再次出现闪络现象。

8. 无线电干扰电压（radio interference voltage，RIV）试验

试验时，按运行方式将电抗器线圈安装（电抗器尺寸较大时也可采用单层尺寸与正式产品相同的模型线圈）在由支柱绝缘子构成的绝缘子支架上，均压环及其他金属附件按运行方式装配。试验期间，空气相对湿度应不超过75%，试品表面不应出现凝露。

试验程序：首先，对试品施加比试验电压规定值高10%的电压，维持5min，然后将电压缓慢下降到试验电压规定值的30%，再缓慢上升至初始值并停留1min。然后按每级约10%的试验电压逐级下降到试验电压规定值的

30%，同时，在每级电压下测量无线电干扰电压。在试验电压下测得无线电干扰水平不大于一定值，且无可见电晕，则试验通过。

9. 端对端中频振荡电容器放电试验

试验时，用脉冲电容器通过球隙或断路器对平波电抗器放电，在平波电抗器上形成振荡频率数量级大约为 300～900Hz、持续时间不小于 10ms 的中频振荡电压。中频振荡电压的第一个幅值应由用户规定。应注意，该幅值最大不能超过平波电抗器端对端操作冲击耐受电压。电容器放电时的实际振荡频率和持续时间取决于脉冲电容器的容量、试品电感以及试品的中频特性。受脉冲电容器容量制约，试品电感较小或较大时，振荡频率可能难以符合上述数量级。这种情况下，制造方应与用户协商可接受的振荡频率。杂散电容、引线电感引起的波前上升沿过冲电压峰值不应被认为是中频振荡的幅值。如果过冲峰值过高，可用高频阻波器等串联滤波装置对波前寄生振荡提供阻尼，抑制上升沿的过冲峰值。为抑制过冲峰值并保护脉冲电容器，允许采用适当阻值的波头电阻与脉冲电容器串联，但波头电阻的选择应确保振荡持续时间不小于 10ms。脉冲电容器充电电压极性为负极性，半电压进行一次，全电压进行三次。每两次之间的间隔视冲击电容器的性能而定。

本试验的目的在于检查平波电抗器绕组匝间绝缘，只对上部端子进行，另一端子通过分流器接地。试验期间，各次放电的振荡频率和波形应稳定不变，线圈内部应无放电声响和烟雾出现。

10. 负载试验

对于需要进行温升试验的产品，不必进行本试验。本试验作为例行试验只是用来检查平波电抗器，绕组内部是否存在容易产生火花放电的虚焊或焊口开断现象。为便于观察和判断试品是否正常，进行本试验时不应装配妨碍观察的防雨帽、声罩等附件。试验时，对试品施加不小于最大连续直流电流 1.2 倍的直流电流，持续 2h。在这一试验电流作用下，试品应不出现烟雾、异常放电声响。

第三章

电 抗 器 检 测 技 术

第一节　概　　述

干式空心电抗器具有结构简单、线性度好、无噪声、免维护等优点，因此得到了快速发展和广泛应用。在干式空心电抗器的制造过程中，因为其包封数目多，各包封中的匝数也很多，所以不可避免会出现各类偏差，包括高度偏差、中心距离偏差等，其中，匝数偏差对电抗器的影响尤其明显。在干式空心电抗器正常运行过程中，如果匝间绝缘出现问题，将会发生股间或匝间的绝缘故障。对于需要长期投入系统的干式空心电抗器，这类故障会有很大的破坏性。根据统计分析，干式空心电抗器的故障主要是匝间绝缘故障。干式空心电抗器匝间绝缘故障的主要原因为：工艺结构存在问题、绝缘材料劣化、散热不良。

干式空心电抗器的匝间绝缘缺陷往往是在运行中逐步产生并积累扩大的，如还未发展到一定程度，现有的出厂试验很难检测出来。为了在电抗器匝间绝缘缺陷未发展到比较严重前就能及时发现，选择合适的检测技术显得尤为重要。

一、干式空心电抗器故障特性分析

（一）匝间短路

匝间短路是一种较为普遍的故障情况，根据相关统计，高压干式空心电抗器各类故障中，由于匝间短路原因造成的占比高达 70% 以上。干式空心电抗器发生匝间短路故障时，短路位置局部温度急剧上升，加速短路匝附近的绝缘老化，使得短路故障不断发展，继而扩大为多匝短路故障，短时间内电抗器将起火。干式空心电抗器着火存在波及周边其他设备的可能，对电网安全稳定和可靠性的影响不容小觑。

干式电抗器匝间短路故障发展是一个缓慢的过程。如图3-1（a）所示，当干式空心电抗器正常运行时，每层线圈的匝间为串联关系，电流方向相同。在长期运行中，当绝缘介质表面局部劣化严重时，在外界因素激励下，易在绝缘薄弱部位形成局部放电并致使电抗器匝间绝缘局部损坏，逐步形成匝间间歇性放电，如图3-1（b）所示。间歇性放电加速了匝间绝缘介质损坏、易造成匝间弧光短路。弧光短路时短路环内巨大的短路电流将促使故障部位温度急剧上升逐步造成故障绕组局部过热及着火，引起相邻线匝绝缘失效并相继短路，最终形成金属性短路故障，如图3-1（c）所示。故障时短路电流在短路环内将产生巨大发热功率，逐步造成匝间局部短路，其短路能量剧增可在短时间内将电抗器烧毁。

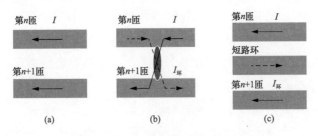

图 3-1　干式电抗器匝间短路故障
(a) 正常运行时；(b) 故障发展期；(c) 故障期

干式空心电抗器发生匝间短路故障主要有以下原因：

（1）设备厂家使用的材质性能低劣或生产工艺不良。干式空心电抗器的生产过程中，部分设备质量不良的厂家采用价格较便宜、拉制及后期处理工艺粗糙、存在毛刺的铝导线，运行中引起局部过热；或使用价格便宜的劣质固化剂，导致电抗器外包封固化成型后质量不良，使用寿命短，固化层易开裂受损。

调匝环部位是其本身匝间绝缘较为薄弱处，如果电抗器调匝环与星型架焊接处存在焊接毛刺，与本体包封连接不良，易断裂，运行中易发生匝间短路，造成局部过热起火。

（2）干式电抗器设计结构不合理。调匝线圈布置于电抗器顶部，在运行电压下，电抗器绕组匝间电场分布不均匀，靠近电源侧场强高，尤其是暂态过电压条件下的纵向电压梯度大，对调匝线圈绝缘水平提出了更高要求，如调匝环绝缘水平不够，将造成调匝环绝缘击穿。

（3）缺乏检测干式空心电抗器匝间绝缘故障的有效手段。匝间绝缘故障是干式电抗器损坏的重要原因，但目前国内外大量的现场匝间试验方法都不能很好地解决该问题。绕组类设备（如变压器）通常采用感应电压法检测匝间绝缘，但干式空心电抗器只有一个绕组，且一般情况下其磁路是开放式，因此无法用感应电压法检测其匝间绝缘。雷电冲击试验电压虽然较高，但作用时间短，能量较低，无论是外观检查还是波形比较，常常难以查出缺陷。

（二）漏电起痕

在中高度环境污染区域，电抗器表面易形成污层，若环境干燥不会导电，而在阴雨天气电抗器的污层就易被浸湿，在电导电流较大的情况下，被浸湿的污层就会被电流产生的热量烘干，进而形成干区。而在干区的两端将被施以一定的电压，随之形成一定的场强。在场强较大的情况下必将导致电抗器表面的电离发生碰撞，辉光放电或电晕现象随之在铁脚附近出现，因泄漏电流的作用而顺利形成电弧，这种电弧通常被称为"局部电弧"。此类电弧的出现将会延长干区，同时因电流和电压的共同作用使电弧"熄灭——重燃"现象交替出现。而在电压的持续作用之下，无论是泄漏电流还是电弧长度都将因此大大增加，爬电现象也将随之产生。这一现象发展到某种程度后，电抗器的外表面就会发生污秽闪络。

电抗器的环氧树脂外绝缘属于亲水性物质，在雨、潮湿天气下表面易形成水膜，导致表面泄漏电流增大。受潮、污秽不均则产生局部干带状并造成电场集中而引发小电弧，进而破坏局部表面特性，逐步发展成较稳定的放电通道。如材料耐漏电起痕水平低，则绝缘表面出现炭化状的浅表痕迹，使电场前突畸变，痕迹前端更易形成干区和火花放电，形成恶性循环。放电痕迹从表面上看是浅表绝缘损伤，似乎不构成多大的危害，其实不然。它的危害并不在于对绝缘的损伤大小，而是因放电痕迹的绝缘性能远低于正常绝缘性能（约 2～4 个数量级）。它不仅使表面易闪络，而且导致绕组的电位分布同表面电位分布不一致，使本来基本不承受电压的径向绝缘承受一定的电压，并使绕组易发生匝间绝缘击穿。

（三）局部过热

干式空心电抗器产生局部过热的原因：由于干式空心电抗器四周漏磁场很大，当电抗器轴向和径向均会由于金属体形成闭环导致漏磁问题严重，给电抗器主体和周边环境带来了严重影响。如果在径向位置上存在闭环，会导致电抗器绕组温度过高或部分温度过低；如果在轴向位置上有闭环，会导致电抗器电流的增加以及电位分布的变化；同时，在强磁场作用下，闭环回路还会由于涡流，环流的出现而升温。

干式空心电抗器局部过热分为两种情况：①电抗器金属辅件出现异常过

热的现象；②电抗器本体出现异常过热的现象。

对于金属辅件局部过热，又分为三种情况：

（1）接线位置因接触不实或接触面积不够，造成接触电流密度过小，产生异常过热。此种情况通过增大接线端子板的接触面积或加强放松措施，保证足够的接触面积即可解决。在实际工程中，即使出现接线端子异常过热问题，一般情况下也不会影响电抗器的正常运行，可在检修时进行缺陷处理。

（2）电抗器吊臂因载流面积不够，造成不正常通流发热现象。此种情况在设计时通过增大吊臂的尺寸即可解决。

（3）电抗器其他金属辅件在电抗器磁场作用下出现的异常过热现象。此种情况多见于交流系统或谐波含量较高的直流系统，通过采用非磁材料或改变金属辅件结构即可解决。

对于电抗器本体局部过热，干式空心电抗器在正常运行时，有些情况属于正常现象，比如电抗器上部的温度会明显高于下部温度，不是局部过热问题。而且由于施工分散性的存在，同时受环境影响，电抗器同一圆周上的发热量也不同，只要不超过运行温度限值就没有问题。在特殊情况下，一旦在电抗器本体上出现局部过热点且温度值超过了限值要求，说明电抗器内部可能出现了匝间短路故障或断线问题，导致电流分布出现了异常，最终通过局部过热体现出来，更严重的可能会导致电抗器起火损毁。对于电抗器本体局部过热的情况，我们需要加强通风，并减小电抗器的负荷，如果问题不能有效解决，需停电处理。另外我们也可以优化电路设计。

二、干式空心电抗器在线测温检测技术

（一）技术背景

干式空心电抗器作为交、直输电工程的最重要设备之一，在现有技术中一直都没有一种合适的监控和保护机制，还处于一种空白的状态，原因如下：

（1）在对干式空心电抗器进行保护之前，需要实时获取该电抗器的运行状态信息，然后才能对该电抗器进行实时监控及相应的保护，使得在故障时能够及时退出运行，以防止事故的扩大，危及系统中的其他设备。而要获取该电抗器的运行状态信息，一般需要先采集该电抗器的电信号来判断该电抗器的运行状态信息。但所采集的电抗器的电信号一般是微弱信号，并且运行状态的电抗器的周边一般都具有高电压与强磁场，所需采集的电信号将会淹没在这种高电压、高电磁环境中；而且，上述电信号的传输过程也将受到此环境的极大干扰，使该电信号不能准确传输到相应的位置，从而不能准确的

反应出电抗器的运行状态，而且这种电信号传输在线测温系统对电抗器本体纵绝缘水平和对地绝缘水平有很大的影响，安装这种在线测温装置反而影响电抗器正常运行。

（2）直流系统有很多谐波电流，使得电抗器的噪声水平很难满足技术规范的要求，为了控制电抗器的噪声水平，必须加装防雨降噪装置，这使得换流站内的巡检人员在用红外测温设备或者热成像仪监测电抗器的运行温度时，只能监测到表面的温度，无法真实的反映电抗器各包封层的实际发热情况。

综上可知，由于干式空心电抗器的结构和运行状态的特殊性，在高电压、高电磁环境下，电抗器的电信号的采集和传输都存在很大的困难，为了减少损失，干式空心电抗器加装有效的实时监控装置是非常有必要的。

（二）在线测温方式选型

常用的温度测量方法有温度计法、热电偶法及红外线测量法等多种方法。

1. 温度计法

温度计布置在现场运行的干式空心电抗器上后，虽然也可以监测平抗各包封层的温度变化，但是温度计布置在线圈内部，现场巡检人员无法观察到温度计的显示温度。

2. 热电偶法

热电偶的工作原理是把温度信号转换成热电动势信号，再通过电气仪表（二次仪表）转换成被测介质的温度。这种电信号在强电磁环境中会受到干扰，会影响测温的准确度。而且热电偶是由两种不同材质的导体组成的，在强电磁环境中会有感应电动势产生，布置在电抗器上后，会影响电抗器的运行安全。

3. 红外线测量法

由于红外线测量仅仅能测量电抗器外表面的温度，无法测量线圈内部的温度，所以不适用于运行时电抗器的测温。

光纤温度传感器因其极好的抗电磁干扰性而被广泛应用于有电磁场影响的测温场合，通过将测量得到的信号通过光纤传输到用户方便观测的位置。

三、测温位置选择

（一）发热原理

干式空心电抗器的结构由多个同轴空心绕组与包封组成，每个包封采用多层并联绕组，每个绕组由小截面导线多股平行绕制。包封内导线由环氧树脂浸透的玻璃纤维包封，起绝缘作用。包封间有通气道（也可以为空气层）

和小块环氧通风条，通气道起通风散热作用，小块环氧通风条同时起到支撑包封的作用。

电抗器工作时，铝导线发热并通过其周围的环氧树脂与玻璃纤维向周围空气散热，显然，在包封内的散热为热传导，在包封的表面上，也通过热辐射向周围空间散热。

（二）发热仿真计算

干式空心电抗器冷却方式为空气自冷，其热传递不同于其他一些电力设备，如电力变压器（有风扇）。对干式空心电抗器的冷却方式进行详细分析可知，在流体力学中进行计算时需要采用自然对流的共轭传热方式进行计算。

考虑到流体网格对绕组温升分布的影响较大，为保证计算的准确性，对绕组及周围流体网格进行了均匀划分，以保证流体计算时的网格质量对流体流动的影响，同时在电抗器绕组周围一定空间范围内的边界位置网格进行了细化。图 3-2 为流体场中的电抗器轴向上的网格模型。

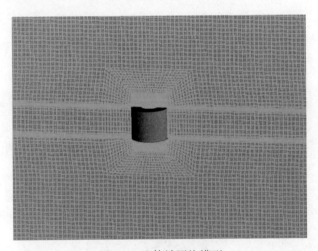

图 3-2　流体域网格模型

根据对流体流动特性的评估，如计算瑞利数与普朗特数，可知流动模型计算时需要采用的湍流模型，并且设置空气密度与温度的相关性，这样空气的流动的驱动力为电抗器发热而使空气密度减少引起的。

经过有限元计算，流体在电抗器热作用下的产生的浮力流动如图 3-3 所示，从图中箭头方向可以看出电抗器发热引起空气自下向上的流动，其最大流动速度约为 6.7m/s，图 3-3 中的箭头方向为空气流动方向，箭头的颜色及大小表示流速的大小。

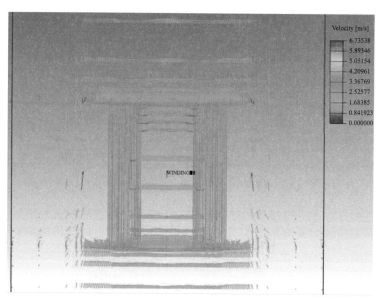

图 3-3　空气流动矢量图

通过后处理可以得到绕组在流体作用下的温升分布。最终得到的温升分布如图 3-4 所示，从图 3-4 中可以看出由于空气流动的影响，电抗器绕组的上端温升要高于下端温升。

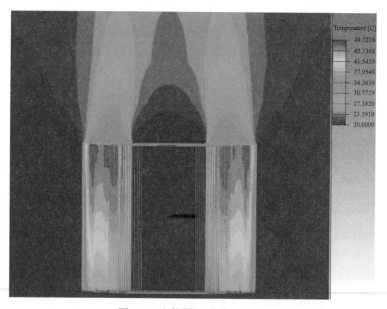

图 3-4　电抗器温升分布云图

从以上对干式空心电抗器的有限元分析可知，电抗器运行时的温度分布并非均匀，而是绕组上端温度高于绕组下端，通过统计其他类型空心电抗器的烧毁情况，一般正是电抗器正常工作时温度相对较高的地方。这样就需要对电抗器高温部分进行温度监控与测量，一般的温度测量装置无法进行电抗器内部温度的测量，特别是加装防雨降噪装置后，使得测温更加困难，即使使用非接触的红外线测量仪，也只能测量电抗器外表面的温度，无法探测其内部温度。

因此，光纤温度传感器布置在电抗器绕组上端 1/3 左右的位置是最合理的布置方案。

（三）在线测温检测系统工作原理

光纤测温传感器借助于光时域后向散射技术实现分布式测量，如图 3-5 所示，其原理为：脉冲激光源产生泵浦光脉冲，当光脉冲被注入纤维波导中去时，利用光雷达原理，该系统通过测后向散射光强随时间变化的关系来检查光纤的连续性并测出其衰减。当激光脉冲在光纤中传输时，由于光纤中存在折射率的微观不均匀性，会产生瑞利散射。利用改进的光时域反射技术探测喇曼散射，根据信号强度随时间的变化得到光纤传输的特性，就可以确定沿光纤长度上的温度分布。

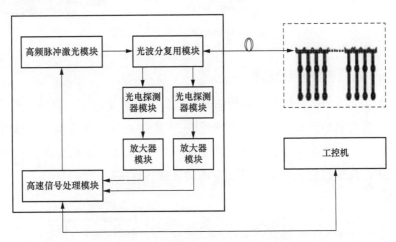

图 3-5　在线测温检测系统工作原理

通过嵌入式光纤测温元件实时测取风道内的温度，将采集到的温度数据传输到工控机中，通过预制的软件对温度数据进行分析、判断，最后发出相应的指令，并在监控界面上显示不同的结果。

（四）在线测温检测系统工作过程

当在光纤中注入一定能量和宽度的激光脉冲时，如图 3-6 所示，它在光纤中向前传输的同时不断产生后向喇曼散射光，这些后向喇曼散射光的强度受所在光纤散射点的温度影响而有所改变，散射回来的后向喇曼光经过光学滤波、光电转换、放大、模-数转换后，送入信号处理器，便可将温度信息实时计算出来，同时根据光纤中光的传输速度和后向光回波的时间对温度信息定位。通过光纤测取光信号数据，再通过信号处理模块转换为可视的温度数据由工控机显示出来，工控机发出指令，持续进行监测工作。

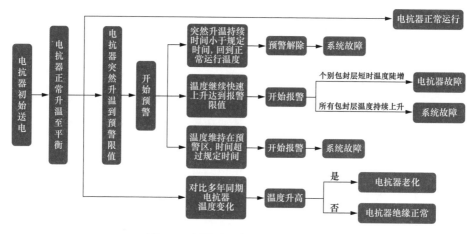

图 3-6　在线测温检测系统工作过程

（五）在线测温系统组成

如图 3-7 所示，在线测温系统由测温元件、光纤绝缘子、铠装光纤、工控机、光端机和机柜组成。测温元件布置在干式空心电抗器上端，传输光纤通过光纤绝缘子与电缆沟中的铠装光纤连接，光端机和工控机安装在控制室内的机柜中，再通过铠装光纤与控制室内的光端机连接。

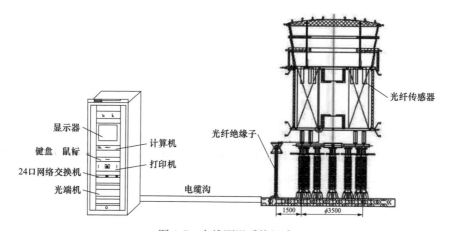

图 3-7　在线测温系统组成

(六) 在线测温系统特点

在线测温系统的特点为：

(1) 接入灵活，单独使用或接入上位机均可。

(2) 电抗器无需改动，风道植入传感器即可。

(3) 光纤性能优异，测温精度高，耐气候性能好。

(4) 测温元件使用寿命长，可在 260℃ 高温下长期运行。

(5) 光纤采集和传输信号，不影响电抗器整体绝缘水平。

(6) 光纤采集和传输信号，可在复杂磁场环境下运行。

(7) 监测连续，实时反馈信息，精确定位故障点。

(8) 可自诊断，瞬时判断光纤故障，提高可靠性。

(七) 在线测温系统试验验证

1. 组部件试验

(1) 测温校准。根据中国计量科学研究院对测温系统进行的温度校准结果表明（见表 3-1），测温系统测试 0、40、90、115℃ 和 155℃ 时的扩展不确定度为 0.2℃，测温准确度能够满足测温系统的测温要求。

表 3-1　　　　　　　　　　　　测温校准结果

名义温度（℃）	标准温度（℃）	显示值（℃）						扩展不稳定度 T（℃，$k=2$）
		1	2	3	4	5	6	
0	−0.01	−0.4	−0.4	−0.4	−0.5	−0.7	−0.6	0.2
40	40.03	39.9	38.3	39.9	39.7	39.6	39.5	0.2
90	90.03	91.8	89.1	91.8	89.5	89.7	31.2	0.2
115	115.00	115.8	114.8	115.8	114.9	114.0	114.4	0.2
155	155.00	155.0	154.6	155.0	155.4	153.9	155.5	0.2

(2) 电磁兼容试验。电子工业安全与电磁兼容检测中心对测温系统进行了电磁兼容试验，包括静电放电抗扰度试验、射频电磁场辐射抗扰度试验、电快速瞬变脉冲群抗扰度试验、浪涌（冲击）抗扰度试验和射频场感应的传导骚扰抗扰度试验，测结果表明测温系统不会受电磁干扰，能够在强磁场的环境下正常工作。

(3) 雷电冲击试验。对已经安装了测温系统的平波电抗器进行了整体的雷电冲击试验，试验结果表明，测温系统不会降低电抗器本体的绝缘水平。

(4) 冲击后的复测试验。如表 3-2 所示，对冲击试验后的平波电抗器进行了直流电阻、各频率下的电阻及电感和电抗值的复测，通过与冲击试验前的测试数据进行对比可以看出，测试数据均在偏差范围内，确定了测温系统不会降低平波电抗器本体的绝缘水平。

表 3-2　　　　　　　　　　　冲击试验前后的测试数据

频率	冲击前电感（mH）	冲击后电感（mH）	偏差	冲击前电阻（Ω）	冲击后电阻（Ω）	偏差	冲击前电抗值	冲击后电抗值	偏差
50	99.6160	99.1427	−0.48%	0.1149	0.1133	−1.42%	—	—	—
100	99.4988	98.8851	−0.62%	0.1884	0.1843	−2.18%	—	—	—
150	99.4391	98.7440	−0.70%	0.2660	0.2602	−2.15%	—	—	—
300	99.3445	98.6306	−0.72%	0.5518	0.5390	−2.32%	—	—	—
600	99.2975	98.2696	−1.04%	1.4266	1.3988	−1.95%	262	265	1.15%
1200	99.3100	98.1128	−1.21%	4.5306	4.4308	−2.20%	165	167	1.21%
1800	99.3767	98.4624	−0.92%	9.3627	9.0961	−2.85%	—	—	—
2400	99.5100	98.7442	−0.77%	15.6693	15.3143	−2.27%	—	—	—
2500	99.5393	98.8251	−0.72%	17.0164	16.7589	−1.51%	—	—	—
冲击前直流电阻（Ω）			0.02250	冲击后直流电阻（Ω）			0.02283	偏差	1.47%

2. 系统整机试验

如图 3-8 所示，在模拟现场干式空心电抗器运行条件下，对试品电抗器安装测温系统后，进行了整机的系统调试。试验过程中测温系统能够实时监测

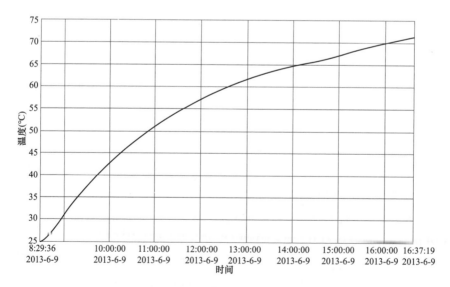

图 3-8　某支传感器的历史温度变化曲线

电抗器指定通风道的温度变化。在对电抗器施加过载电流时，测温系统能够及时捕捉到电抗器的温度变化。

如图 3-9 所示，在试验过程中，为了检测电抗器有发热现象时测温系统监控软件的报警速度和报警准确率，人为地降低了一支传感器的报警限值。在传感器温度达到报警限值后，测温系统的监控软件及时准确地显示出了报警的具体位置和数量，并且外置的声光报警器也及时发出了声光报警信息。

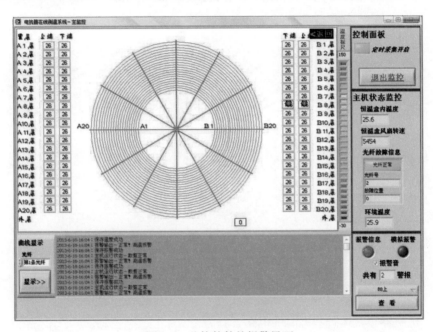

图 3-9　监控软件的报警界面

第二节　干式空心电抗器在线感磁检测技术

一、匝间短路故障的产生机理

干式空心电抗器是由多个螺线管并联封装组成的，在服役过程中，匝间承受同向的工频交变电流，产生波动应力。由于绝缘材料不可避免的老化、强度失效等因素，导致匝间会出线短路，当其发生匝间短路时，在电抗器中有一个或若干个自行闭合的短路环生成，如图 3-10 所示。

电抗器正常运行状态和匝间短路状态下的电路模型如图 3-11 所示。图中，R_k、L_k、i_k 分别为电抗器第 k 层电阻、电感及电流，M_{kj} 为电抗器第 k 层与第 j 层间互感，u 为电抗器端电压。

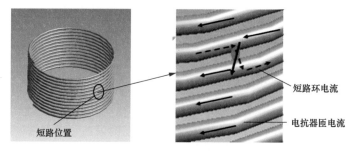

图 3-10　电抗器匝间短路示意图

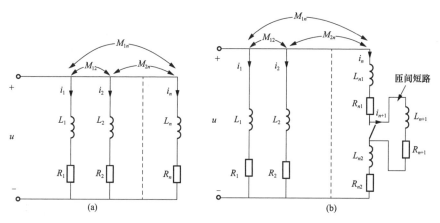

图 3-11　电抗器的电路模型

（a）正常工作状态；（b）匝间短路状态

电抗器正常运行状态时的电路方程为

$$
\begin{cases}
L_k \dfrac{\mathrm{d}i_k(t)}{\mathrm{d}t} + R_k i_k(t) + \displaystyle\sum_{j=1}^{n} M_{kj} \dfrac{\mathrm{d}i_j(t)}{\mathrm{d}t} = u(t), k = 1,2,\cdots,n, j \neq k \\
\displaystyle\sum_{j=1}^{n} i_j(t) = i(t)
\end{cases}
$$

(3-1)

电抗器匝间短路故障时的电路方程为

$$
\begin{cases}
L_k \dfrac{\mathrm{d}i_k(t)}{\mathrm{d}t} + R_k i_k(t) + \displaystyle\sum_{j=1}^{n+1} M_{kj} \dfrac{\mathrm{d}i_j(t)}{\mathrm{d}t} = u(t), k = 1,2,\cdots,n, j \neq k \\
L_{n+1} \dfrac{\mathrm{d}i_{n+1}(t)}{\mathrm{d}t} + R_{n+1} i_{n+1}(t) + \displaystyle\sum_{j=1}^{n} M_{n+1j} \dfrac{\mathrm{d}i_j(t)}{\mathrm{d}t} = 0 \\
\displaystyle\sum_{j=1}^{n} i_j(t) = i(t)
\end{cases}
$$

(3-2)

根据数值计算，电抗器发生匝间短路时，其短路环中形成的电流一般为设计电流的十几倍甚至数百倍（与电抗器的结构相关），因此会对电抗器磁场分布产生极大的影响，尤其，在短路环附近磁场变化最大。发生匝间短路前后的磁场对比如图 3-12 所示。

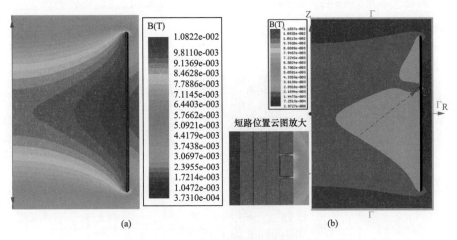

图 3-12　匝间短路前后磁场分布云图
（a）正常工作期；（b）匝间短路状态

　　这种匝间短路会在某些局部区域、位置开始形成，可以分为故障发展期和故障期，在故障发展期，这种短路会由于脉动应力而非连续的间断性出现，过程如图 3-13 所示，这一过程一般会持续较长时间，短则数小时，长则数月，有一定的随机性。

图 3-13　故障发展期示意图

　　故障期则是稳定地形成短路回路，一旦形成短路回路，就必然导致包封、层间电流的不平衡，形成电抗器包封之间、层间的电流，导致电抗器就急剧发热、高温，急剧恶化绝缘材料的服役条件，导致绝缘材料破坏和失效，又会加剧电抗器短路区域和范围，使得电抗器破坏，引发输电线故障。通常在故障期内的电抗器破坏失效过程非常迅速，全过程约为数分钟，工程中应对和控制的时间有限。所以对故障发生初期和发展期的故障进行监测和预警更有现实意义。

二、匝间短路故障的仿真分析和数值计算

以 500kV 干式空心限流电抗器作为试品进行建模仿真分析，对匝间短路故障的敏感程度，在电抗器内层上、下和电抗器外层上、下分别布置了 4 个感应线圈，如图 3-14 所示。

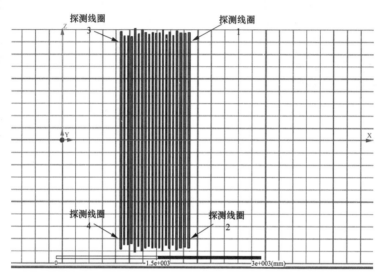

图 3-14　500kV 干式空心限流电抗器有限元几何模型

针对该电抗器，建立了电抗器不同包封的不同位置发生单匝匝间短路故障的稳态和瞬态有限元场路耦合计算模型，并仿真计算了层电流分布的变化。匝间短路故障分别设定在电抗器最内包封即第 1 包封的上部（故障 1）和中部（故障 2）、中间第 10 包封上部（故障 3）和中部（故障 4）以及最外包封第 20 包封的上部（故障 5）和中部（故障 6）。

以电抗器第 20 层距上部第 20 匝处单匝短路故障时为例。匝间短路瞬态过程以电压控制开关模拟实现，控制信号为脉冲电压源。发生匝间短路后，4 个感应线圈的电压波形如图 3-15 所示。

通过仿真计算结果可知，电抗器发生匝间短路时，不同位置的感应线圈的感应电压均会发生畸变，基本规律为离匝间短路故障点越近，畸变的程度越大；探测线圈的感应电压与故障发生的位置有较大的相关性，可以根据通过在电抗器不同位置布置探测线圈来提高监测系统的灵敏性。

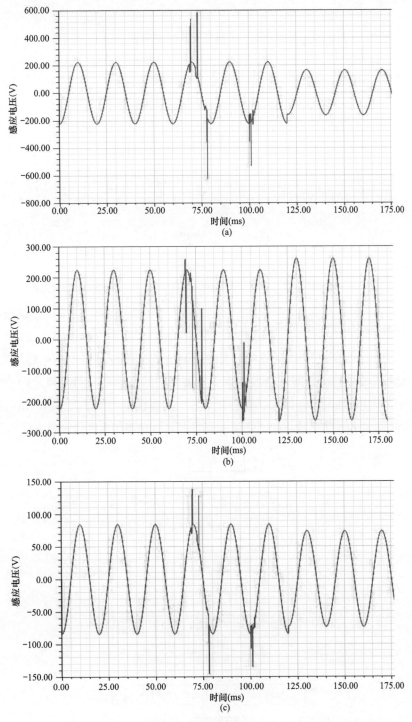

图 3-15　电压波形（一）

（a）探测线圈 1 感应电压；（b）探测线圈 2 感应电压；（c）探测线圈 3 感应电压

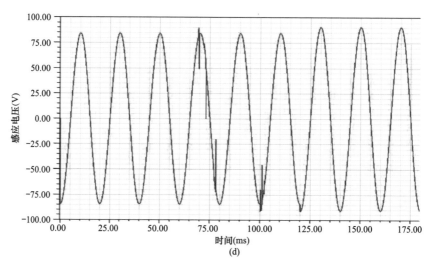

图 3-15　电压波形（二）

（d）探测线圈 4 感应电压

三、在线感磁检测系统工作原理

采用 0.2ms 级在线高速采样，实时监测电抗器服役过程中的电磁场变化，通过诊断模型，检测匝间短路发生期、发展期的特征信号，对电网运行中的电抗器可能发生的匝间短路故障、运行异常发出实时预警、预警信息，以供电网管理者即时处理和预防事故，如图 3-16 所示，其系统功能构成原理如图 3-17 所示。

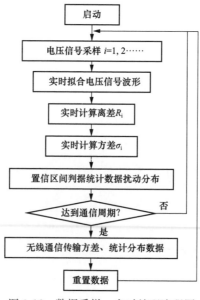

图 3-16　数据采样、实时处理流程图

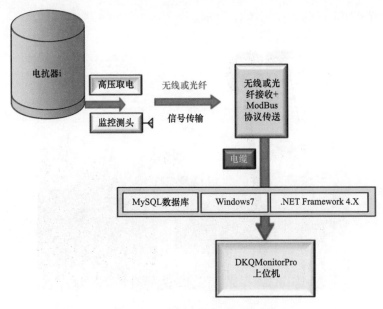

图 3-17 系统构成原理示意图

四、在线感磁检测系统结构设计

(一) 绝缘性能设计

系统采用无线传输的方式进行数据传输,实现了高压对地的电气隔离。感应线圈以及采集装置与电抗器进行了等电位处理。因此,以某工程干式空心限流电抗器为例,重点考虑的是 1240kV(1550 的 80%)的雷电波侵入电抗器后,感应线圈上的感应电压侵入型号采集装置,是否会造成采集装置的损坏。

满负荷运行时端电压为 44.1kV(有效值),按照幅值考虑,雷电冲击电压的幅值为满负荷运行电压幅值的 20 倍。探测感应线圈的差分电压在电抗器满负荷运行时设计为不超过 500mV,采集器选择的 A/D 转换器耐受电压为 50V,安全系数超过 6 倍。探测线圈并不直接承受雷电冲击,其电压值为电抗器承受雷电流的感应电压,经过电抗器本体的抑制作用,探测线圈上的电压幅值和频率已大大减小。此外,为了进一步保护采集器的主回路,在电源和信号入口加装了 TVS 瞬变电压抑制二极管,对监测系统进行保护。

为了检验监测系统的绝缘性能,试制了一台型号 ZKK-500-1100-9.55 的 500kV 电压等级电抗器,将监测系统安装在电抗器上,实施了 1240kV 正负极性的雷电冲击试验，如图 3-18 所示。

图 3-18　1240kV 的雷电冲击试验

试验参考 GB/T 1094.4《电力变压器　第 4 部分：电力变压器和电抗器的雷电冲击和操作冲击试验导则》，对样机开展了正负极性各 3 次，幅值为 1240kV 的雷电冲击试验，试验前、试验中和试验后，监测系统完全能够正常工作，未出现任何损坏，如图 3-19 所示。

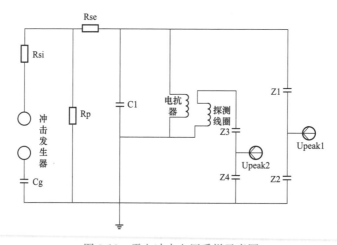

图 3-19　雷电冲击电压采样示意图

（二）电场性能设计

在线感磁检测系统长期直挂在 500kV 电力系统中，根据超高压设备的制造与试验经验，500kV系统直挂设备如果不加电场屏蔽装置，金属端架的尖端必将产生可见电晕，对附近通信设备产生具有白噪声特点的无线电干扰。为此，适当的电场屏蔽装置是十分必要的。

根据经典的气体放电理论，空气临界场强为3kV/mm。根据高压输变电设备的绝缘配合标准，结合大量500kV超高压设备的工程经验，如果金属件（包括屏蔽环）电场强度低于2.6kV/mm，就可防止电晕的出现。屏蔽装置设计方案为：

（1）监测系统直挂在500kV电网的部分如图3-20所示，主要包括探测线圈、信号采集器，电流互感器取能装置和直流电源模块。

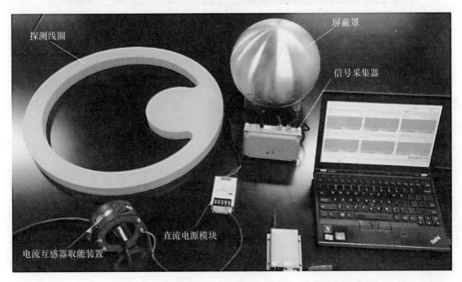

图3-20　监测系统组件

（2）探测线圈外壳采用环氧材质进行封装，内部由信号线对称差分缠绕组成，安装在电抗器内部，由电抗器整体进行屏蔽，因此不做额外的屏蔽措施。

（3）信号采集器和直流电源模块整体组装在屏蔽罩内，如图3-21所示。

（4）电流互感器取能装置套装在钢芯耐热铝合金绞线（型号为NRLH60GJ-1440/120）上，通过屏蔽电缆（型号RG-59-B/U）为电源模块供电。

（5）电流互感器高压取电模块接入通流导线并可靠固定，输入根据现场电网工况，额定通流最小为20A，最大为1750A，电源模块输出为12V/5W。

高压侧一次母线电流的情况非常复杂，该工程中，电流最低可能只有几十安，而发生短路故障时暂态电流可能达到28kA（峰值）。该电源设计的难

图 3-21　信号采集器和电源模块的组装图

点主要在于：母线电流处于接近空载的小电流状态时，要尽量保证电源的供应；而当母线电流处于超过额定电流很多的大电流状态，如短路故障状态时，要给予电源足够的保护。并能保证电源供应。因此，设计工作主要集中在将一个大范围内变化的电流转化为一个恒压源。

在电源电路设计中，考虑到一次侧电流工作范围较为广，为了提高对一次电流的适应性，采用了电压反馈调节电路和泄流回路，设计了电势湖，以保持输出电压的稳定性；为提高电流互感器取能装置的暂态过电流耐受能力，电源设计采取大电流来临时前沿启动保护机制，同时设计有双向瞬态电压抑制二极管和压敏电阻组成的前段抗冲击保护电路，二者相互配合，限制输入电压幅值。

（6）监测模块遵循等电位原则，可靠固定于通流导线上，其接线分别为电源输入端和电抗器探测线圈的信号接入端（接收电压信号：$10mV \sim 50V$），监测模块的数据通信采用无线 ZigBee 通信方式。对于 ZigBee 无线通信方式，信号天线用于和接收器进行信号通信，不得屏蔽，尽量在其前半球面保持空旷。

配套的信号接收中转器可靠固定在距离电抗器不大于 100m 的控制柜内，采用 $12 \sim 20V$ 直流电源供电，用于远程信号交换。对于 ZigBee 无线通信的方式，建议采用外置式信号天线。远程信号通信电缆采用西门子 Profibus-dp 总线，通过 485 转 Com 接入主控机房的计算机实现通信。

（7）由于现场采用的是双分裂导线，因此也选用了两台电流互感器取能装置对称套装在两根导线上共同为系统供电，同时在外围加装屏蔽环，以降低结构件的电场强度，如图 3-22 所示。

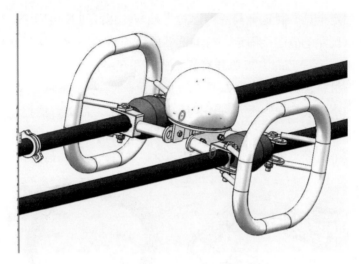

图 3-22　系统组装示意图

该屏蔽结构主要由球形罩、支撑托盘、固定金具、均压屏蔽环组成。

（1）球形罩。信号采集器工作位置为高压电场，球形防护罩能够有效降低电场强度，提高放电电压等级。工作中，当外部风速较大时，风对球形的影响也远小于其他形状，球形罩采用铝合金材质整体铸造而成，如图 3-23 所示。

对罩内的装置，球形罩可以起到电磁屏蔽保护的作用。球形罩下方周围开有 2 圈直径 6mm 的通孔用于罩内空气与罩外空气的对流，起到降低罩内温度的作用；球形罩下缘通过 8 个螺栓与支撑托盘连接固定。

（2）支撑托盘。支撑托盘为圆形设计，上有一个支撑架，用于固定信号采集卡和电池，圆形托盘上开有孔，一部分用作电缆出线，一部分用作空气导通孔；支撑托盘下焊有 4 个耳板，耳板通过螺栓与固定金具连接固定。支撑托盘的材料采用铝合金加工并焊接而成，如图 3-24 所示。

图 3-23　球形罩

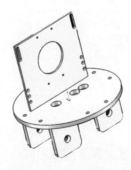

图 3-24　支撑托盘

（3）固定金具。固定金具一端通过螺栓与支撑托盘连接固定，另一端通过螺栓与电抗器电缆连接固定，与电抗器电缆连接的一端可通过螺栓进行调节紧固。固定金具上的卡板槽开有孔，此孔用于导线的引入、引出线通道。固定金具的材料采用铝合金，如图 3-25 所示。

（4）均压屏蔽环。均压屏蔽环采用 φ50 的圆铝管制成，能控制金具和环体自身的电晕，改善电场分布。均压屏蔽环通过螺栓与固定金具的一端连接，用于保护整个信号采集发射装置。屏蔽环材料采用铝合金，如图 3-26 所示。

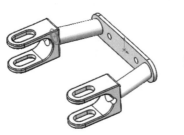 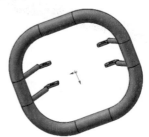

图 3-25　固定金具　　　　图 3-26　均压屏蔽环

在线检测系统的电场分布如图 3-27 所示，场强最大值位于在线检测系统的屏蔽环上，为 10.9kV/cm，远低于标准要求的 26kV/cm。

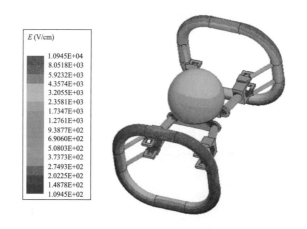

图 3-27　装置电场分布

（三）电磁屏蔽性能设计

以某工程干式空心限流电抗器为例，单台额定运行容量 139MVA，系统安装在其周边，长期受到强大的交流电磁场影响，强磁场对系统的影响主要有：①强交变磁场对信号采集器功能（数据采集、处理和传输）的影响；②强交变磁场对取能装置的影响；③强交变磁场对屏蔽结构的影响。

1. 对信号采集器功能影响

系统按照 DLZ 713《500kV 变电所保护和控制设备抗扰度要求》进行设计，电磁兼容性试验的一次性通过也充分说明该系统满足标准要求。除此之外，该系统安装于干式空心电抗器周边，承受了比标准严酷的多的工频电磁环境（标准要求 100A/m 连续，1000A/m 承受 1s），长期达到每米数千安培，因此需要增强的屏蔽结构。

（1）信号采集器的屏蔽设计。信号采集器外壳选用 8mm 厚的铝合金材质铸造而成，再将其安装在 5mm 厚的铸铝屏蔽罩中。铝材质的工频趋附深度为 12mm，这种综合的屏蔽结构能将磁场强度降低到 35% 以下。

（2）屏蔽效果试验等效性说明。为了验证屏蔽结构的效果，需要进行强磁场下的试验验证。由于无法直接在该工程变电站的限流电抗器上进行验证，只有在型号 BKK-20000/35 的并联电抗器上进行了等效性试验。

首先，对并联电抗器进行了仿真计算，仿真结果如图 3-28 所示。

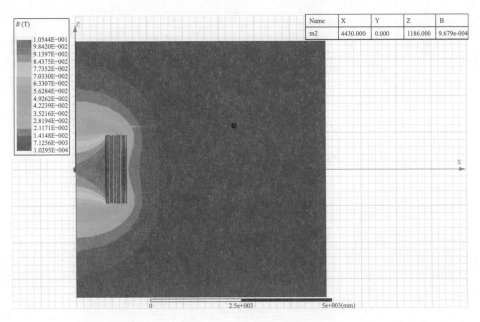

图 3-28　BKK-20000/35 并联电抗器磁感应强度云图

系统设计安装在距该工程变电站限流电抗器表面径向距离 3m，与汇流排等高位置，此处的磁感应强度为 3mT，如图 3-29 所示。

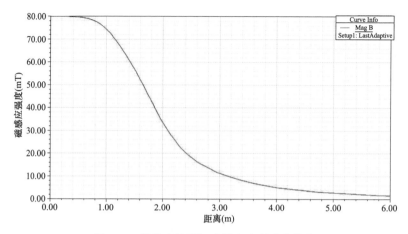

图 3-29　限流电抗器汇流排高度磁感应曲线

BKK-20000/35 并联电抗器在汇流排高度的磁感应曲线如图 3-30 所示。

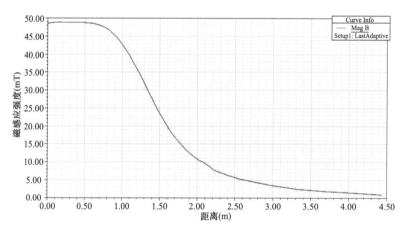

图 3-30　BKK-20000/35 并联电抗器汇流排高度磁感应曲线

通过仿真对比，并联电抗器汇流排高度，距电抗器表面径向距离约
1.67m 处，磁感应强度为 3mT，因此，将信号采集器放置于该处进行试验。

（3）屏蔽效果试验验证。如图 3-31 所示，试验通过对 BKK-20000/35kV
并联电抗器施加满负荷电压，并持续了 1h，系统能够稳定地进行数据采集、
处理和通信，屏蔽效果达到预期。

2. 对取能装置的功能影响

该工程的取能装置采用的是电流互感器加电源模块的方式给信号采集装
置提供 12V 直流电，电抗器满负荷工作时，通流导线在电流互感器处产生的
磁感应强度按照 $B = \dfrac{\mu_0 I}{4\pi r}$ 计算（式中，B 为磁感应强度；μ_0 为真空磁导率；

图 3-31 强磁场下屏蔽效果验证试验

I 为电流；r 为该点到直导线距离），磁感应强度约为 5mT，取能电流互感器
的变比为 1∶1000。因此，电抗器在此处的影响不到 1‰。

通过在 BKK-20000/35 并联电抗器上开展满负荷试验，电缆通电电流
990A，电源模块用球形罩进行屏蔽，放置于 3mT 的磁感应强度位置，电源能
够稳定供电。

3. 对屏蔽结构的影响

对屏蔽结构的影响主要体现在铝合金结构在强交变磁场下的涡流损耗和
温升情况，对此进行了仿真分析和试验验证。

（1）仿真计算模型。信号采集装置距离电抗器表面约 3m（距电抗器中心
约 4.9m，磁感应强度约为 3mT），底部与电抗器的下吊臂处于同一水平高度；
建立线圈的等效计算模型与和信号采集装置的模型，如图 3-32 所示。

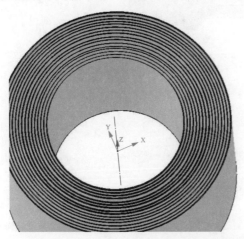

图 3-32 屏蔽结构三维实体模型

（2）仿真输入条件。将线圈简化为等效模型，按照额定电流 3150A 作为输入，如图 3-33 所示。

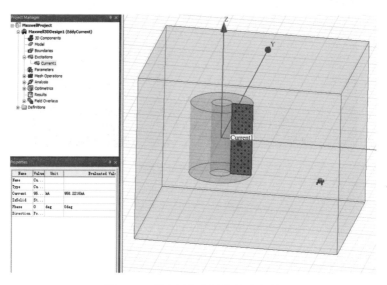

图 3-33　涡流场仿真计算输入条件

（3）发热计算模型及输入条件。对信号采集装置进行发热计算，其计算模型及经过涡流场计算后的输入，如图 3-34 所示。

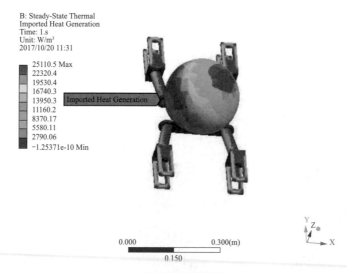

图 3-34　信号采集器模型及输入

（4）仿真计算结果。经过计算，信号采集装置整体结构的温度及各个部件的温度如图 3-35 和图 3-36 所示。最高温度位于屏蔽罩上，为 25.7℃，环境温度为 22℃，温升为 3.7K。

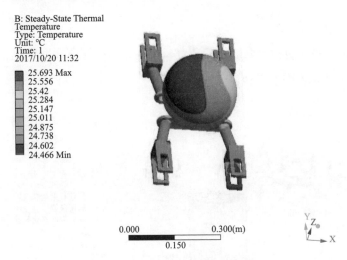

图 3-35　信号采集装置整体温度分布

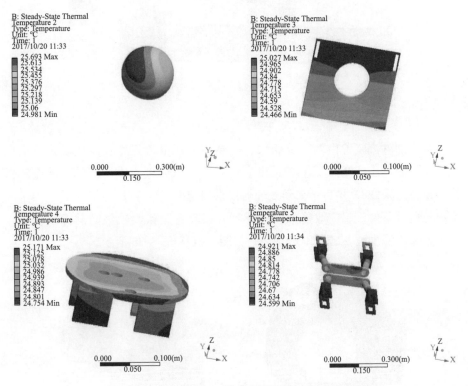

图 3-36　各个部件温度

（5）试验验证。同样，在 BKK-20000/35 并联电抗器满负荷条件下进行温升验证，环境温度为 21℃，屏蔽装置温升稳定后，通过红外测温，屏蔽装置最高温度为 23.1℃，温升仅为 2.1K。

五、在线监测系统

在线监测系统包括自取能整流装置、自差分结构探测线圈装置、DSP 高速采样处理器与信号中转器、屏蔽装置、后台软件分析系统五部分，如图 3-37 所示。

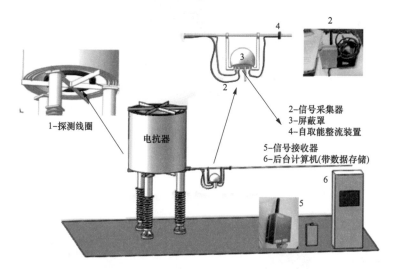

1-探测线圈
电抗器

2-信号采集器
3-屏蔽罩
4-自取能整流装置

5-信号接收器
6-后台计算机(带数据存储)

图 3-37　干式空心电抗器在线监测系统安装结构示意

1. 自取能整流装置

自取能整流装置由两部分组成：①感应取能电流互感器，从线路感应取能产生交流电压；②整流电源，对电流互感器取能电压进行滤波、整流和保护，最终为采样 DSP 高速采样处理器提供稳定的 12V 直流电源。其中为了满足户外运行条件，感应取能电流互感器外层套有耐候性较强的硅橡胶护套保护，整流电源也被安装于屏蔽罩内，如图 3-38 和图 3-39 所示。

图 3-38　取能电流互感器与耐候性护套

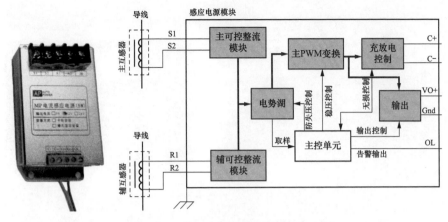

图 3-39 整流电源模块及原理示意图

Gnd—接地端

2. 自差分结构探测线圈装置

自差分结构探测线圈（见图 3-40）是采用特殊的开口对缠绕方式，设定合理的自差分基准值，再采取与线圈同材质耐候性较强的绝缘材质作封装和密封处理，安装于线圈上端或下端汇流排处，分别与汇流排进行等电位联接。探测线圈在电抗器稳态运行时会产生百毫伏级自差分电压，在电抗器匝间短路放电时会产生不超过 50V 的差分电压。特殊的设定值确保其在安全运行的基础上完全可以捕捉到电抗器磁场异常波动信息。

图 3-40 自差分结构探测线圈

3. DSP 高速采样处理器与信号中转器

自差分结构探测线圈所感应的电压信号由 DSP 高速采样处理器以 0.2ms（5k/s）级在线高速采集数据，实时监控电抗器服役过程中的电磁场变化，通过诊断模型，检测匝间短路发生期、发展期的特征信号。采样处理器采用高压取电和无线（或光纤）隔离技术，实现高电压隔离，适用于高压、特高压电网。采用信号调理、电源调理、传输通信和数据实时处理单片机集成的采样模块进行高速采样、运算，可达到的实时监控响应时间（1s），其内部结构如图 3-41 所示。

采用信号中转技术和 Mudbus 协议，可以实现电缆远距离（2km）、多通道信号传送控制，如图 3-42 所示。该装置本身耗能小，发热低。

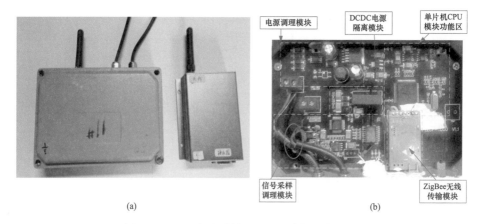

(a)   (b)

图 3-41　DSP 高速采样处理器及内部电气结构

(a) 实物图；(b) 内部电气结构

图 3-42　无线信号接收、电缆传输原理示意图

4. 屏蔽装置

设计直径为 220mm 的铝材质屏蔽装置（见图 3-43），可以将取能整流电源与 DSP 高速采样处理器固定放置在其内部，起到电场屏蔽、电磁屏蔽、防雨、防晒、通风散热的综合效果。

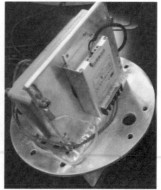

图 3-43　屏蔽装置及内部安装结构

5. 后台软件分析系统

采用 .Net 编程，适合跨系统计算机作为上位机使用，可靠、通用。采用 MySQL 数据库平台，满足巨量信息存储和交换共享。电抗器实时监控软件系统（见图 3-44）集成三个功能模块：实时通信模块、后台分析处理模块和实时监控警示模块。界面按功能分为电抗器运行状态监控警示区 A、B，数据库运行过程显示区 C，窗体 LOGO 说明背景区 D，功能操作区 E。

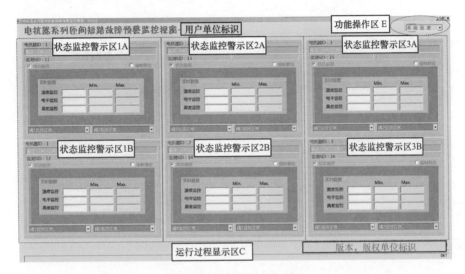

图 3-44　后台软件分析系统

六、干式空心电抗器在线测电流检测技术

（一）匝间短路故障对干式空心电抗器电流分布的影响

电抗器在正常运行时，各包封层电流分布基本是稳定的。当电抗器发生匝间短路故障时，各包封层电流分布将发生变化，尤其发生短路的包封层，短路环在磁场的作用下形成环流，故障层电流明显变大。故障层线圈可以按工况分成两部分：短路匝构成 $n+1$ 个支路，剩余匝构成第 i 个支路，如图 3-45 所示。

对于多螺旋导线绕制结构，正常工况下导线电流的方向是一致的，当某个位置发生匝间短路后，并绕的两根导线之间出现短路点，被短路的导线和吊架形成金属闭合回路，在磁场中产生很大的感应电流，如图 3-46 所示。

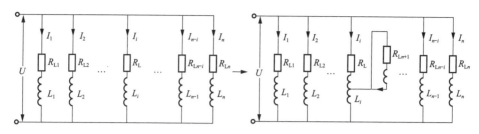

图 3-45　电抗器发生匝间短路故障前后电路图

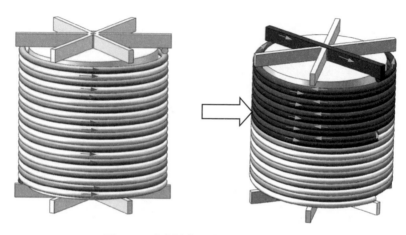

图 3-46　多螺旋绕组发生匝间短路故障

以 CKK-9600/110-5 型串联电抗器为例，粗算得出的结果是给电抗器通入 1371A 的电流，产生的感应电流达到 18581A，由于电流变化非常明显，设置在吊臂上的电流传感器可以及时发出预警。

对于单螺旋导线绕制结构，当某个位置发生匝间短路后，相当于在磁场中出现一个悬浮的金属闭合回路，感应电流不会反映到吊臂上，电流传感器无法监测到感应电流的情况，但是此时各个包封层的电流分布会发生变化，只是变化率并不像感应电流那么明显（见图 3-47）。

（二）在线测电流检测系统工作原理

基于法拉第磁光效应的干式空心电抗器在线电流监测系统通过在电抗器汇流排上布置的光纤电流传感器（见图 3-48），测量由于流过汇流排的电流磁场引起的光纤中传播光的相位变化，经过信号处理单元信号调制解调可以得到被测汇流排上流过的电流值，再传输全上位机显示出电流波形图，同时对数据进行保存，整个工作过程采用光信号传输数据，不受电抗器磁场影响。

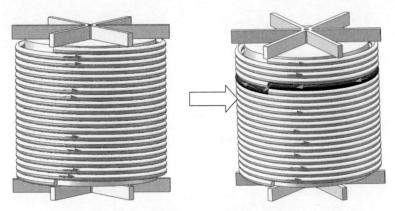

图 3-47　单螺旋绕组发生匝间短路故障

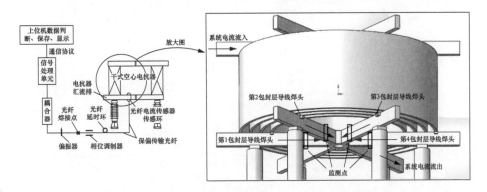

图 3-48　加装光纤电流传感器的干式空心电抗器

（三）在线测电流检测系统工作过程

监测系统启动后，加装到干式空心电抗器上的传感器会持续采集相位差光信号，经过光电转换和调制解调器获得电流模拟信号，通过合并单元进入上位机控制保护模块。此时，通过上位机显示器可以实时查看电流监测情况。控制保护模块内置的控保策略会实时对采集到的信息进行判断，如果未超过设置的电流限值，系统会保存当前数据，继续进行监测；如果超过设置的电流限值，控保模块会将报警信息上传至上一级控制单元，并发出声光报警信息，提醒工作人员断开电抗器连接或继续观察。与此同时，保存数据，锁定故障信息，通过大数据联网向平台层传输故障信息，作为历史数据对其他应用场景的同类型的干式空心电抗器提供历史参数，进行对比、分析，在线测电流检测系统工作过程流程图如图 3-49 所示。

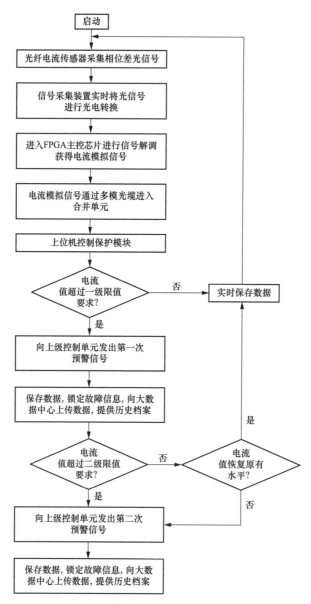

图 3-49　在线测电流检测系统工作过程流程图

（四）在线测电流系统组成

如图 3-50 所示，在线测电流系统由柔性光纤电流传感器、光纤绝缘子、采集单元、工控机组成。光纤电流传感器元件布置在干式空心电抗器下吊架上，传感光纤通过光纤绝缘子、电缆沟接入采集单元，完成数据的采集与汇总；工控机安装在控制室内的机柜中，通过铠装光纤与室外的采集单元连接，完成对干式空心电抗器的控制保护以及采集数据的保存。

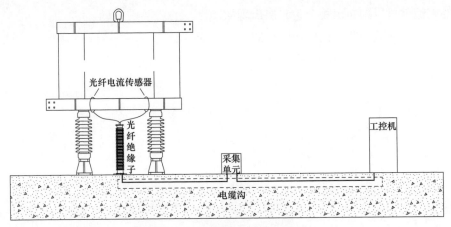

图 3-50　在线测电流系统组成

（五）在线测电流系统特点

（1）在线电流监测系统数据传输采用光信号，可有效避免空心电抗器高强磁场对信号传输的影响。

（2）光纤电流传感器采用柔性结构，可根据不同结构的干式空心电抗器缠绕至汇流排的不同位置上，安装灵活。

（3）设置特殊的工装结构，便于光纤电流传感器的实地安装、维护、更换。在安装过程中与电抗器无任何接触，不会对电抗器造成不利影响。电流传感器也不会受干式空心电抗器运行振动的影响。

（4）通过监测汇流排电流可在三个周波（0.06s）内检测确定匝间故障，避免事故扩大。

（5）通过数据分析后处理，对于包封层较多、吊臂数较多的电抗器，通过较少的监测点布置，同时监测更多的包封层。

（6）通过数据分析后处理，对于包封层较少的电抗器，可以定位干式空心电抗器故障包封层。

（六）在线测电流系统试验验证

在试品电抗器最外包封层设置短路环，通过接触器开关的分、合闸，模拟最外包封层突然出现的匝间短路故障，由光纤电流传感器捕捉匝间短路故障出现时刻前后的各包封层的电流分布变化情况。

试品电抗器 6 个包封层的绕组导线均焊接在不同的汇流排上，在每一个有导线焊接的汇流排上布置监测点，可以同时监测所有包封层的电流分布情况。当流过包封层的电流分布由于匝间短路故障发生变化时，监测汇流排上的电流就可以判断出哪个包封层出现故障。

（1）试验回路。试验回路如图 3-51 所示。

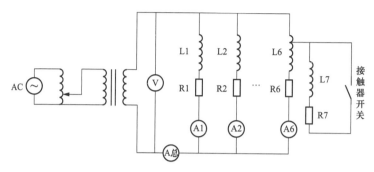

图 3-51　干式空心电抗器匝间短路试验回路

（2）试验过程。参照试验回路进行试品电抗器的在线电流监测系统试验，试验所需组部件如图 3-52～图 3-55 所示。

图 3-52　柔性光纤电流传感器及信号采集单元

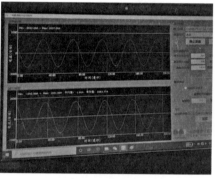

图 3-53　上位机数据采集过程

图 3-54　模拟匝间短路故障分合闸开关

图 3-55　干式空心电抗器在线电流监测系统试验

（3）试验结果。

1）正常工况下电流分布情况。在不同系统通流下，干式空心电抗器各包封层的电流分布情况如表 3-3 所示，额定条件下干式空心电抗器各包封层的电流分布波形图如表 3-4 所示。

表 3-3　　　　　正常工况下试品电抗器各包封层电流分布

试验电流（A）		200	300	400	500	1000
电流分布	I1	31.9A	47.9A	63.7A	79.5A	160A
	I2	28.8A	43.1A	57.5A	72A	144A
	I3	33.4A	50A	66.5A	83.1A	166A
	I4	34.5A	52A	69.1A	86.5A	172.6A
	I5	36.2A	54.2A	72.3A	90.3A	181A
	I6	44.2A	66A	87.9A	110A	220A
	I1	15.95%	15.97%	15.93%	15.90%	16.00%
	I2	14.40%	14.37%	14.38%	14.40%	14.40%
	I3	16.70%	16.67%	16.63%	16.62%	16.60%
	I4	17.25%	17.33%	17.28%	17.30%	17.26%
	I5	18.10%	18.07%	18.08%	18.06%	18.10%
	I6	21.99%	22.00%	21.98%	21.96%	22.00%

表 3-4   试品电抗器各包封层电流分布波形图（试验电流为 1000A）

包封层	电流波形图
第 1 包封层	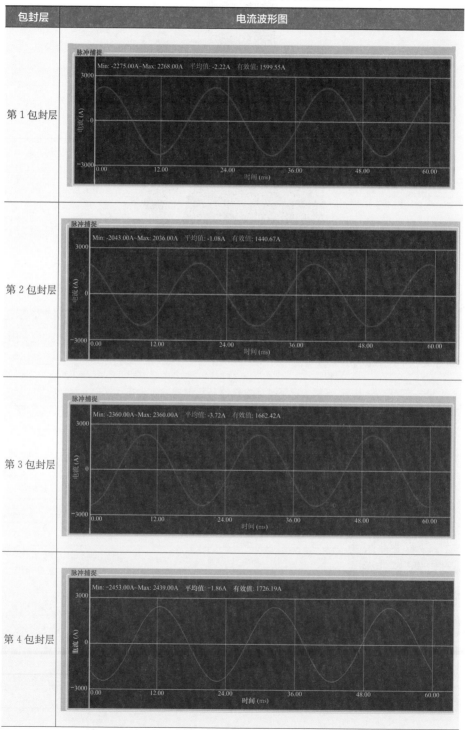
第 2 包封层	
第 3 包封层	
第 4 包封层	

包封层	电流波形图
第5包封层	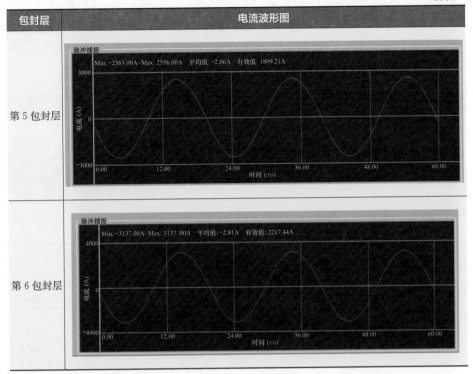
第6包封层	

由上述试验结果可知，正常工况下，干式空心电抗器各包封层电流分布非常稳定。同时，如表 3-5 所示，可以验证各包封层电流分布解析法和有限元法的准确性。

表 3-5　　　　　　　　　各包封层电流分布数据对比

电流	解析法（A）	有限元法（A）	试验实测（A）	偏差值 1（解析法，实测）	偏差值 2（有限元法，实测）
I_1	153.6	155.2	160.0	−4.0%	−3.0%
I_2	146.6	146.6	144.0	1.8%	1.8%
I_3	157.6	159.0	166.0	−5.1%	−4.2%
I_4	174.0	173.4	172.6	0.8%	0.5%
I_5	180.9	182.4	181.0	0.0%	0.8%
I_6	216.6	217.8	220.0	−1.5%	−1.0%

2）短路工况下电流分布情况。在电抗器出现匝间短路故障时，短路环会产生较大的电动力；同时短路环发热较高，短时间内升温较快，为降低安全风险，匝间短路工况下的试验电流降低到 500A 以下。

当匝间短路故障出现时，光纤电流传感器可以捕捉到出现故障时刻点前后的流过汇流排的电流分布变化，不同试验电流下故障时刻点前后电流分布变化如表 3-6 所示。

表 3-6　　　　　　　　　　　　电流分布试验结果

线圈层数	系统通流（A）	正常工况（A）	短路工况（A）	电流变化
1	300	48.2	43.8	−9.1%
	400	64.2	58.4	−9.0%
	500	79.5	72.3	−9.1%
2	300	43.6	39.7	−8.9%
	400	57.8	52.6	−9.0%
	500	72	65.5	−9.0%
3	300	50.5	45.5	−9.9%
	400	67.1	60.4	−10.0%
	500	83.1	74.8	−10.0%
4	300	52.5	49	−6.7%
	400	69.4	64.8	−6.6%
	500	86.5	80.7	−6.7%
5	300	54.6	58.7	7.5%
	400	72.7	78.2	7.6%
	500	90.3	97.1	7.5%
6	300	67.4	85.2	26.4%
	400	87.8	110.9	26.3%
	500	110	139	26.4%

其中，500A 试验电流下匝间短路故障引起的第 6 包封层电流分布变化波形如图 3-56 所示。

500A 试验电流下，匝间短路故障引起的各包封层电流分布变化如表 3-7 所示。

当通过接触器开关触发电抗器出现匝间短路故障时，第 6 包封层电流值从 110A 增加到 139A，电流分布增大了 26.4%（试验报告见附件），且在 20ms（图中 20～40ms 时间段）内即可捕捉到各个包封层的电流分布变化。考虑到电力系统波动和监测软件采集误差导致出现某个跳点数据的情况，监测系统设置"采三取二"原则：在 60ms 内每 20ms 采集一组数据，当出现两组数据增大的情况，则判断电抗器出现匝间短路故障，向上位机报警。

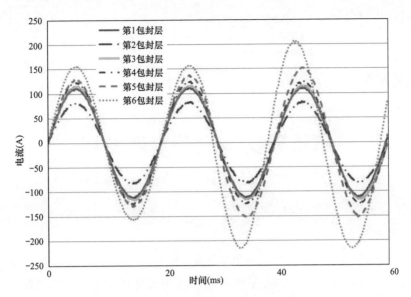

图 3-56　匝间短路故障引起的电流变化

表 3-7　　　　　　　　　　各包封层电流分布变化

线圈层数	正常工况（A）	短路工况（A）	电流变化
1	79.5	72.3	−9.1%
2	72.0	65.5	−9.0%
3	83.1	74.8	−10.0%
4	86.5	80.7	−6.7%
5	90.3	97.1	7.6%
6	110.0	139.0	26.4%

　　试验结果与仿真计算得出的电抗器匝间短路故障的暂态过程一致，第 6 包封层电流分布变化最大，距离匝间短路故障层越远的包封层，电流分布变化越不明显。分析其原因，当第 6 包封层发生匝间短路故障时，第 6 包封层出现的短路环在磁场作用下产生与原绕组电流方向相反的感应电流，由此产生与原电抗器磁场方向相反的磁场。距离发生匝间短路故障越近的包封层磁场抵消越多，包封层之间的互感越小，由于电抗器端电压是定值，所以电流越大。

　　同理，当其他不同包封层分别出现匝间短路故障时，流过故障包封层的电流会迅速增大，此时通过在线电流监测系统在汇流排上设置的电流监测点可以定位到具体的故障包封层。

第四章

电抗器典型故障案例分析

第一节　某 35kV 干式空心电抗器烧毁故障分析

某 500kV 变电站 3 号主变压器低压侧 35kV 3B 电抗器 2004 年投运，型号为 BLGKL-20000/34.5，户外干式空心，三相水平品字形布置，额定容量为 20000kvar，额定电压为 34.5/3kV，额定电流为 1004A，额定电抗为 19.8Ω，投运时间已超过 15 年。3B 电抗器 332 断路器型号为 3AQ1EG，绝缘介质为 SF$_6$，额定电压为 72.5kV，额定电流为 4000A，额定短路开断电流为 50kA，动作次数为 2000 余次。

一、事故经过

结合 3 号主变压器上次计划停电，检修人员对 3B 电抗器进行了常规检修、绝缘电阻测量、直流电阻测量、匝间绝缘试验，结果如表 4-1 和表 4-2 所示，各项试验结果均正常。

表 4-1　　　　　　3B 电抗器绝缘电阻测量、直流电阻试验结果

相别	绕组绝缘电阻 （GΩ）	绕组直流电阻 （干式，mΩ）
A	236	24.91
B	245	25.10
C	234	25.15

表 4-2　　　　　　　　匝间绝缘试验结果

相别	标定电压 （kV）	标定频率 （kHz）	标定电感量 （mH）	高压电压 （kV）	高压频率 （kHz）	高压电感量 （mH）
A 相	46.976	8.988	95.194	125.056	9.085	93.162
B 相	52.250	8.995	95.033	126.362	9.088	93.114
C 相	48.922	8.961	95.773	125.542	9.050	93.885

某日 14：08，35kV 3B 电抗器 332 开关过流 II 段保护动作，332 开关跳闸，故障电流一次值 2205A，开关跳开后，由于故障发展迅速，现场发现 3B 电抗器 A 相顶部冒烟着火，且火势较大。由于现场灭火需要，变电站运行值班人员紧急向调度申请将 3 号主变压器由运行转为冷备用，16：15，现场明火被扑灭；18：30，将 3B 电抗器转检修后，3 号主变压器恢复正常运行。

二、保护动作及录波分析

　　14：08：26.204，3B 电抗器保护动作跳闸，故障电流 I_A 为 7.35A（二次值），过流 II 段定值为 5.02A，延时 0.5s，即 14：08：25.704，保护采集到故障电流已超过电流定值，进入过电流保护动作逻辑，经 0.5s 延时后，过流 II 段保护动作，跳开 3B 电抗器 332 开关，保护动作正确。3B 电抗器运行于 500kV 3 号主变压器低压侧 35kV 母线，主变压器低压侧只带站用变压器与 3B 电抗器运行，由于站用变压器负荷电流较小可忽略，3 号主变压器低压侧电压、电流即为 3B 电抗器电流、电压，此次故障时，3 号主变压器低压侧故障录波如图 4-1 所示。由录波图可见，0 时刻以前，已经发生 3B 电抗器 A 相轻微短路，3 号主变压器低压侧 A 相电流已经开始缓慢增大，但没有达到电抗器过流 II 段保护定值，此后随短路故障越来越严重且发展非常迅速，0 时刻 A 相故障电流增大明显，同时由于电抗器内部导体融化纵向贯穿整个电抗器，

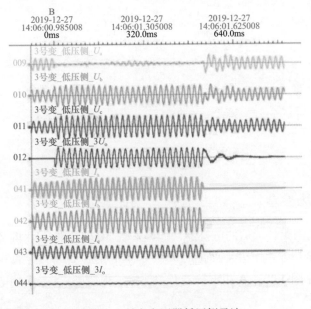

图 4-1　3 号主变压器低压侧录波

导致 A 相单相接地，由于 35kV 侧为不接地系统，A 相单相接地后，B、C 两相电压明显升高。随着故障发展，在 A 相故障电流达到过流Ⅱ段定值后，经 0.5s 延时保护动作跳开 332 开关，故障切除后，3 号主变压器低压侧电压恢复正常，低压侧故障电流消失。

分析故障录波波形的主要特点有：

（1）单相电抗器发生故障，即为电抗器内部匝间短路，与线路、主变压器、母线等故障情况不同，故障电流并不是立刻增大为短路电流，而是有一个缓慢增大的过程，这是由于短路绕组匝数不断增加造成的。而且整个故障过程中无零序电流，因主变压器 35kV 侧为中性点不接地系统，即使伴随单相接地也无法形成零序电流通路。

（2）电抗器匝间短路故障一般都会伴随单相接地，是由于匝间短路后由于短路电流很大形成的电弧作用，导电物质融化，产生的融化物、浓烟沿风道上下扩张都会导致对绝缘子放电形成单相接地，单相接地后故障相电压基本为零，非故障电压几乎升高为线电压，同时产生较大零序电压。

（3）单相接地后，35kV 三角形接线的线电压并没有发生变化，所以加在电抗器上的电源也没有变化，因此单相接地不会对故障发展过程产生影响，图 4-2 为电抗器单相接地前后的 3 号主变压器低压侧线电压，三相电压仍保持故障前的状态，三相电压相互差 120°的正序关系，幅值几乎没有变化。

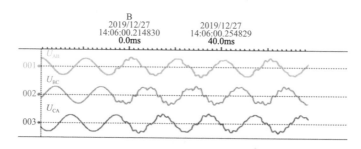

图 4-2　3 号主变压器低压侧线电压录波

三、现场检查

图 4-3 为明火扑火后的电抗器，检查发现 3B 电抗器 A 相内部包封、顶部防雨罩已完全烧毁，下方地面上有大量导体熔化后形成的金属膜及燃烧后的不明物质（见图 4-4）；A 相电抗器开关侧接线板烧断，B、C 相电抗器本体无异常。

图 4-3 烧毁后的电抗器现场

图 4-4 电抗器导体熔化物质

3B 电抗器自投运以来已超过 15 年，2019 年 12 月 22 日经自动电压控制投切转运行状态，至故障前，已经连续运行 120h。通过检查故障现场及保护动作情况分析，判断 3B 电抗器跳闸原因为：3B 电抗器 A 相内部绝缘老化，故障初期发生少量匝间短路，随着匝间绝缘破坏积蓄能量增加，产生过热导致内部导体熔化，使匝间短路数量迅速增加，一次电流逐渐增大，当匝间短路绕组达到一数量后，一次电流折算到二次值后达到过流Ⅱ段保护动作定值后，经延时开关跳闸。由于故障发展迅速，在开关跳开前电抗器已经起火，虽然开关跳开后已切断电源，但电抗器本体仍继续燃烧，最终靠消防人员扑灭大火。

四、理论分析

电抗器事故发生最多的是由内部绝缘降低导致的匝间短路，匝间短路一般是一相绕组部分线匝之间发生短路，发生匝间短路后，故障匝中的短路电流很大，但往往反映到电抗器一次上的电流却不大，从上述 3B 电抗器 A 相烧毁事故故障录波中看，在整个故障过程中 A 相故障电流增加程度并不大，因此达不到保护快速动作的定值，不能快速切除故障，但由于短路的线匝中故障环流很大，最终导致电抗器起火烧毁。

主变压器低压侧 35kV 母线为三角形连接方式，为中性点不接地系统，同时接于母线上的电抗器为星形连接方式且中性点也不接地。如图 4-5 所示，为方便分析故障，对于三相电源为三角形连接、三相负载为星形的△-Y 连接的三相电路，只要把三角形连接的对称三相电源等效变换成星形连接的对称三相电源，就可以变成Y-Y 连接的对称三相电路。对于电抗器来说，主变压器低压侧 35kV 母线为供电电源，在电抗器整个故障过程中，电源并没有发生变化，由 3 号主变压器低压侧线电压录波图中也可以得出结论。

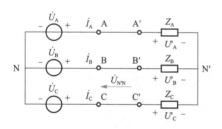

图 4-5　负载不对称的三相三线制线路

在电抗器发生某一相内部匝间短路后，对电源来说，只是匝间短路的那一相电抗值发生了变化，因此三相负载阻抗 Z_A、Z_B、Z_C 不相等，变为负载不对称的三相三线制电路，如图 4-5 所示。

由于三相负载不对称产生的中性点位移，导致加在负载上三相电压也会发生变化，因此电抗器某相发生故障时，非故障相电流因为也会有不同程度的增加。由于三相负载阻抗不等及负载上三相电压不对称，因此三相电流也是不对称的，但由于 35kV 为中性点不接地系统，三相电流之和为零，无零序电流存在。从理论方面分析电抗器单相故障的故障特征与实际的故障波形一致，即使在电抗器发生烧毁的严重事故时，整个故障过程中故障电流增加不大，导致现有的保护装置不能在故障初期快速动作切除故障。

五、结论及建议

电抗器长期在室外恶劣环境下运行，加上操作过电压对电抗器造成累积性的绝缘损伤及系统电能质量的不好，造成电抗器导线绝缘性能的下降，导致绝缘层薄弱处匝间短路，形成环流引起着火事故的发生。低压电抗器作为变电站内必不可少的重要电力设备，优化保护配置，加快切除故障，同时提高设备质量，加强运行维护，是防止电抗器故障的重要手段。

（1）优化保护配置，借鉴高压电抗器匝间保护原理，研发匝间保护装置，增设电抗器匝间保护专用电压互感器，利用匝间短路专用电压互感器的零序电压作为匝间短路启动量，负序功率方向作为闭锁元件，在故障初期可快速切除故障，防止发生着火事故。

（2）低压电抗器匝间短路后，一般会迅速导致单相接地，可以借鉴 35kV 不接地系统小电流接地选线原理，当电抗器匝间短路发展成接地故障时，采用接地选线装置跳闸或手动断开开关对故障进行隔离。

（3）选用油浸电抗器代替干式电抗器，利用其重瓦斯、压力释放等非电量进行报警或跳闸，可迅速隔离匝间短路故障，避免故障进一步发展，降低火灾发生风险。

（4）改进设计工艺，优化电抗器结构，从根本上提高设备质量，加强调匝环的制作工艺，增加调匝环内导线的绝缘强度；加强调匝用线的绝缘要求，改进绝缘层材质，导线与导电排间接触面处的绝缘改为绝缘管垫衬等措施。

（5）优化检修策略，缩短低抗检修周期，结合停电重点检查线圈包封密封情况，按规程进行例行试验，对比分析绝缘试验数据，及时清理电抗器气道及异物，并喷涂防污闪复合涂料。

加强运行维护，结合厂家产品型式，逐步更换密封性好、无缝隙的顶部防护罩，降低外界紫外线、雨水侵蚀；在低压无功设备周围装设驱鸟装置，防范鸟粪、污秽导致匝间绝缘降低。

第二节　某 35kV 油浸式并联电抗器故障分析

一、故障简述

2016 年 7 月 31 日，某变电站内 35kV 并联电抗器发轻瓦斯报警，油色谱结果显示乙炔和总烃含量超过注意值，随后安排设备返厂解体。9 月 27 日，更换同型号电抗器投入运行。10 月 12 日，进行油色谱分析发现总烃含量达 114.6μL/L，对比前日呈现加速增长趋势，再次进行返厂解体检查。12 月 15 日，该设备检修后再次安装投运。2017 年 1 月，油色谱结果显示乙炔已达 0.4μL/L，对比之前采样数据有明显增长。2017 年 2 月，设备再次返修。该设备型号为 BKSJ-60000/35，于 2016 年 6 月投入运行。电抗器接线方式如图 4-6 所示，为三角形连接，每相由两根绕组并联构成。

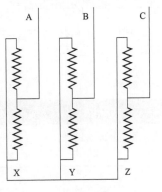

图 4-6　某 35kV 油浸式并联电抗器接线方式

电抗器三相为 120°对称布置，设备正视图及俯视图如图 4-7 所示。

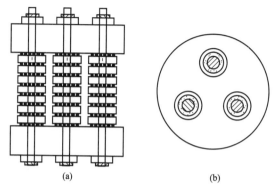

(a)　　　　　　　　(b)

图 4-8　电抗器正视图和俯视图

（a）主视图；（b）俯视图

二、原因分析

1. 运行情况分析

（1）第 1 次投运缺陷。该电抗器于 2016 年 6 月 22 日投运，7 月 31 日出现轻瓦斯报警现象，8 月 1 日对电抗器进行油色谱分析发现，绝缘油中乙炔和总烃超过注意值，如表 4-3 所示。

表 4-3　　　　　　　　　　第 1 次缺陷色谱分析

日期	H_2	CH_4	C_2H_6	C_2H_4	C_2H_2	总烃
2016 年 7 月 26 日	16.0	10.7	7.2	9.8	0	27.7
2016 年 8 月 1 日	298.7	333.3	583.6	515.5	323.3	1755.7

利用三比值法分析，结果如表 4-4 所示，判断故障类型的大致方向为放电兼过热。

表 4-4　　　　　　　　　　第 1 次缺陷三比值结果　　　　　　　　　　（μL/L）

C_2H_2/C_2H_4	CH_4/H_2	C_2H_2/C_2H_6
0.1≤0.63<1 编码 1	1≤1.12<3 编码 2	0.1≤0.55<1 编码 0

（2）第 2 次投运缺陷。2016 年 9 月 27 日，更换同型号电抗器，密切跟踪其色谱，结果如表 4-5 所示。

表 4-5 第 2 次缺陷色谱分析

日期	H_2	CH_4	C_2H_6	C_2H_4	C_2H_2	总烃
2016 年 9 月 28 日	8.6	7.0	1.7	1.1	0	9.8
2016 年 10 月 8 日	23.2	57.9	18.9	6.9	0	83.7
2016 年 10 月 9 日	17.5	59.7	19.6	9.4	0	88.7
2016 年 10 月 11 日	26.0	67.9	22.7	8.2	0	98.8
2016 年 10 月 12 日	27.2	79.1	25.7	9.8	0	114.6

如表 4-6 所示，结合 5 次色谱结果，发现总烃产出有较大增幅，乙炔结果为零。三比值分析结果如表 4-6 所示，故障类型为低温过热。

表 4-6 第 2 次缺陷三比值结果 （μL/L）

C_2H_2/C_2H_40	CH_4/H_2	C_2H_2/C_2H_6
<0.1 编码 1	1≤2.9<3 编码 2	0.1≤0.38<1 编码 0

（3）第 3 次投运缺陷。2016 年 12 月 15 日返厂设备检修后安装投运，持续对该台电抗器进行油色谱跟踪试验。2016 年 12 月 23 日，油色谱分析结果显示该电抗器绝缘油中出现乙炔，并且呈加速增长状态，同时电抗器现场运行存在较大噪声和振动，具体试验数据如表 4-7 所示。

表 4-7 第 3 次缺陷色谱分析 （μL/L）

日期	H_2	CH_4	C_2H_6	C_2H_4	C_2H_2	总烃
2016 年 12 月 15 日	12.7	1.3	0.2	0.1	0	1.6
2016 年 12 月 23 日	21.8	4.4	1.0	0.6	0.1	6.1
2017 年 1 月 3 日	33.6	11.2	2.3	0.9	0.2	14.6
2017 年 1 月 9 日	40.7	22.4	4.3	1.6	0.4	28.7

用三比值法进行分析，结果如表 4-8 所示，判断故障类型为电弧放电。由于乙炔是绝缘油高温裂解的产物，因此怀疑电抗器内部有放电性故障，并且故障温度较高。2017 年 1 月 16 日该设备安排返厂检查。

表 4-8 第 3 次缺陷三比值结果

C_2H_2/C_2H_4	CH_4/H_2	C_2H_2/C_2H_6
0.1≤0.25<1 编码 1	0.1≤0.55<1 编码 0	0.09<0.1 编码 0

2. 解体分析

吊出器身后，电抗器上铁轭有烧蚀迹象，如图 4-9 所示。下铁轭上表面有环氧烧焦残留物，分析为上轭局部受热掉落。夹件压盘打开后，绝缘纸板上有少量铁屑残留。

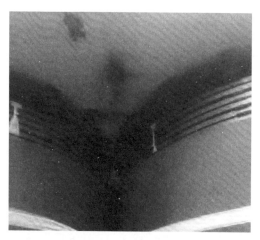

图 4-9　上铁轭烧蚀痕迹

吊起上铁轭，上铁轭各相下表面与铁芯柱之间的绝缘纸板和油道撑条处有烧蚀、碳化痕迹；上轭下表面与线圈端圈垫块接触部位烧蚀最严重，每相均有 2~3 处垫块烧蚀，如图 4-10 所示。

图 4-10　绝缘纸板、油道及垫块烧蚀痕迹

检查上轭与压盘之间的油道，发现与油道纸垫块接触的铁芯剪切面有多处明显变形，如图 4-11 所示。结合前两台电抗器的故障情况，厂家在夹件迫紧螺杆与上轭铁芯饼之间加装了绝缘护套，塑料材质，取出后未见烧蚀痕迹。油箱内磁屏蔽外观，接地良好；2500V 交流电压下铁芯对夹件绝缘为零；松

开夹件压盘迫紧螺母再次测试，绝缘未见异常。

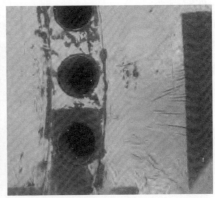

图 4-11   铁芯剪切面变形痕迹

电抗器上部铁扼硅钢片之间存在片间短路问题，电抗器运行时片间短路位置的涡流损耗显著增加，导致该位置出现局部过热，随着局部过热发展引起绝缘垫板烧毁。垫板烧蚀后的炭渣引起上部铁轭和铁芯柱之间绝缘短路，形成上铁轭和铁芯饼及外部接地点组成的短路闭环，使上铁轭中部过热现象更趋于严重。

油浸式三相共体并联电抗器在投入运行时会产生幅值较高的零序磁通分量，三相零序磁通分量方向相同，无法沿铁芯形成闭合回路，将使铁轭、夹件等部位聚集很高的磁密，如果铁轭存在绝缘缺陷，极易造成烧损。解体时发现铁轭出现多处硅钢片卷口，并在绝缘垫板上残留有明显可见的金属碎屑，铁芯整体质量较差。

3. 结论及建议

上文中所涉及电抗器属于比较典型的内部放电性缺陷，在初期往往会伴有异常振动和声响；运行中油色谱中总烃含量会明显增加，随着缺陷的发展，总烃产气率增加，甚至出现乙炔，危及系统的安全稳定。

为尽早发现缺陷，避免事故扩大，保证电抗器运行正常，可采取如下措施：

（1）加强设备生产制造环节管控，严格控制铁芯剪切和叠片、线圈绕制和总装等重要工艺环节标准，对硅钢片厚度、绝缘膜、导磁性能、单位铁耗等性能参数进行抽样检查；空载和温升试验能够间接地反映硅钢片间绝缘质量，设备出厂时需重点关注空载试验和温升试验结果。

（2）零序磁通幅值与合闸时电压相角、断路器的合闸分散性有关，为避免电抗器铁心过热引起故障，电抗器在投入运行时尽量避免在各相电压相角过零时合闸，且后合相可适当滞后 2～3ms 合闸，以避免铁芯产生幅值较高的零序磁通。

（3）对于运行中振动和声音异常的电抗器应给予关注，加强红外检测，与同型号设备横向对比，以尽早发现可能存在的缺陷。对于一般过热缺陷，观察其缺陷发展，利用停电机会检修，有计划地安排试验检修消除缺陷，避免缺陷继续发展。

（4）油色谱分析是检测充油设备潜伏性过热、放电的有效手段，对于色谱异常的设备必要时缩短取样周期。当乙烯产生速率加快或产生乙炔时，应制定检修计划，安排检修；同时关注色谱中 CO、CO_2 含量变化，当 CO、CO_2 增长量的比例发生突变时，应进行综合分析。

（5）排查同型号设备是否存在家族缺陷，统计同型号、同批次设备故障发生率。当某型号电抗器出现故障时，检查同型号、批次的设备出厂报告，排查此类故障是小概率事件还是家族性缺陷引起。对于确认存在家族缺陷的，视设备当前状态和性能合理制定检修计划逐次安排更换。

第三节　某 500kV 高压电抗器内部过热故障案例分析

一、故障简述

2018 年 10 月 8 日，某 500kV 变电站 3 号电抗器进行现场大修，排油更换高压套管均压球。10 月 29 日，更换高压套管均压球后，进行常规试验和交流耐压试验，试验结果合格，耐压试验前绝缘油色谱检测，乙炔含量为 0。11 月 1 日，再次对该组电抗器进行绝缘油色谱检测，A 相含有 0.24μL/L 乙炔。11 月 2 日，进行色谱复测，乙炔含量为 1.28μL/L。2018 年油色谱试验结果如表 4-9 所示。由于耐压试验后色谱检测出乙炔，因此电抗器一直没有投运。该电抗器型号为 BKD-50000/500，1997 年 7 月 20 日投运，2018 年 10 月首次现场大修。

表 4-9　　　　　　　第一次耐压试验绝缘油检测数据　　　　　　　（μL/L）

取样时间	氢气	一氧化碳	二氧化碳	甲烷	乙烷	乙烯	乙炔	总烃	备注
2018 年 10 月 29 日	0	12	85	0.25	0.08	0.13	0	0.46	耐压前
2018 年 10 月 31 日	0.65	12	149	0.31	0.12	0.15	0.07	0.65	耐压后
2018 年 11 月 1 日	1	12	127	0.33	0.18	0.20	0.24	0.95	12h 后
2018 年 11 月 2 日	2	13	183	0.75	0.28	0.29	1.28	2.60	48h 后

二、原因分析

1. 耐压试验

由于出现明确的乙炔成分，因此对高压电抗器进行了排油内检，但并未发现异常，因此对高压电抗器进行真空热油循环处理后。11月5日，再次进行交流耐压试验，耐压前绝缘油色谱检测无乙炔，耐压后色谱检测再次出现 $0.71\mu L/L$ 乙炔，具体数据如表 4-10 所示。由表 4-9 和表 4-10 所示，在两次耐压试验前均无乙炔，耐压试验后出现明显乙炔含量，而其他组分未见明显增长。按照特征气体、三比值计算法进行判定。

表 4-10　　　　　　　再次进行耐压试验时绝缘油检测数据　　　　　　　($\mu L/L$)

取样时间	氢气	一氧化碳	二氧化碳	甲烷	乙烷	乙烯	乙炔	总烃	备注
2018 年 11 月 5 日	1	7	80	0.18	0.05	0.07	0	0.30	耐压前
2018 年 11 月 9 日	1	10	91	0.22	0.06	0.08	0	0.36	耐压后
2018 年 11 月 9 日	1	12	143	0.37	0.07	0.30	0.71	1.45	12h 后

11月1日和11月9日均为低能放电。两次耐压试验后均出现乙炔确定内部存在放电故障，且排油内检无法查出异常原因，因此对该高压电抗器进行返厂解体检查。

2. 解体检查

12月12日，该高压电抗器返厂解体检查发现内部存在较严重的过热现象。上、下压板处压块、环氧板、铁轭轭屏、铁芯硅钢片均出现明显过热和碳化现象。图 4-12 为发热压块所在位置，位于上铁轭中部，图 4-13 为压块下表面因过热所引起的严重发黑现象。

图 4-12　发热压块所在位置

图 4-13　发热压块下表面

环氧板同样位于上铁轭中部，图 4-14 为环氧板解体检查后发现的过热烧蚀痕迹。

图 4-15 为下铁轭轭屏所在位置，将下铁轭解体后发现轭屏内表面有严重过热变色，表面有大面积炭黑（见图 4-16）。

图 4-14　环氧板过热碳化

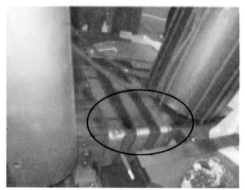

图 4-15　下铁轭轭屏

图 4-17 为靠近上铁轭位置的铁芯硅钢片，可见上铁轭下表面的外侧硅钢片已出现变色，烧损严重。如图 4-18 所示，对其铁芯柱进行检查，铁芯柱大饼未见其他异常，但上端调节布坯上的压痕深浅不一，可见其上铁轭与铁芯大饼未能有效压紧。

图 4-16　轭屏过热碳化

图 4-17　上铁轭下表面的外侧硅钢片烧损处

从检查情况分析，该高压电抗器铁轭过热的原因是铁轭与铁芯大饼间未压实，运行过程中由于器身震动产生间隙，导致铁轭与铁芯大饼间磁阻增大，产生的大量漏磁流经夹件，造成夹件涡流增大，导致严重过热烧蚀周围铁芯硅钢片和绝缘组件。对高压电抗器进行铁芯漏磁仿真研究，电抗器绕组流通

图 4-18　芯柱与上端调节布上压痕

电流，铁芯产生磁通，电抗器附加损耗、能量分布等特性参数受磁场分布
影响。

仿真计算得到，电抗器正常运行工况下铁芯大饼间隙距离分别为 1mm 和
3mm 时，上铁轭上方一定点处辐向漏磁密强度分别为 0.65H/m 和 0.98H/m。
仿真计算验证了故障分析结果，铁芯大饼的间隙增大会导致漏磁增强。上压
板处的压块和绝缘板出现明显过热和碳化痕迹，分析为上压板与上夹件间通
过螺栓进行等电位连接，但此处的油漆及氧化层导致接触不可靠，接触电阻
大，流经此处的环流引起局部过热，烧蚀附近绝缘件。对变压器绝缘纸板进
行模拟过热老化试验，于老化试验炉内设定相应温度进行长时间过热模拟试
验，观察其变色程度。如图 4-19～图 4-21 所示，根据模拟过热老化试验结果，
上铁轭绝缘纸板的变色程度与 300℃ 下试验绝缘纸板的变色程度更为接近，试
验结果佐证该高抗内部为低温过热的判断，且与绝缘油色谱数据判断结果
一致。

进一步分析该高压电抗器出现铁轭与铁芯大饼未压实的原因，为受早期
电抗器（2005 年前）制造工艺影响，当时的压紧工艺主要考虑旁轭与上轭的
压紧力，忽略了铁芯大饼的压紧力，采用"先镶后压"工序（见图 4-22），因
此存在铁芯大饼不能完全压实的情况。后期便对该制造工艺做了改进，将铁
芯大饼尺寸增加，高于旁轭，先将大饼与上轭压紧，再将旁轭与上轭连接，

即"先压后镶"的制造工序（见图 4-23）。

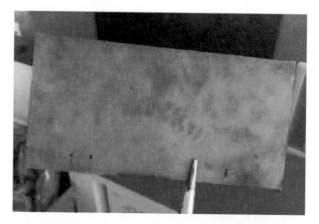

图 4-19　300℃下的绝缘纸板变色程度

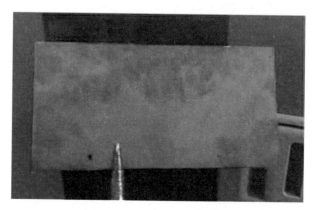

图 4-20　450℃下的绝缘纸板变色程度

图 4-21　700℃下的绝缘纸板变色程度

图 4-22　先镶后压结构图　　　图 4-23　先压后镶结构图

三、结论及建议

（1）在经过两次耐压试验后，对该高压电抗器进行解体分析，其绝缘油检测出现乙炔是由于上压板与上夹件间的接触不良产生放电所致。由于两次耐压试验过压过程加剧内部绝缘件烧蚀情况，此时内部绝缘件已烧蚀严重，若投入运行将会产生持续放电，严重时发生绝缘热击穿。因此对于发现设备内部过热异常应引起重视。

（2）耐压试验后，在设备未投运的情况下，绝缘油色谱检测到的乙炔含量随时间逐渐增长，是由于电抗器内绝缘油处于静止状态，乙炔在放电处含量最高，扩散至取油管位置需要一定时间。因此，对于自然冷却结构的电抗器，建议在投运后连续 4 天进行绝缘油色谱检测，以确保试验检测的有效性。

（3）通过绝缘油色谱检测和返厂解体分析，发现该类结构缺陷，有效避免故障扩大。对运行 20 年以上的油浸式电抗器，建议加强色谱检测，结合现场实际安排设备吊罩大修，检查其内部绝缘组部件。

由于长期运行及内部过热的影响，加之进行两次耐压试验后，该高压电抗器的绝缘性能大幅下降，已不能满足电抗器安全稳定运行要求。因此该电抗器已不具备修复条件，进行退出运行处理同时，对于该厂早期电抗器（2005 年前）产品，若运行年限 20 年以上建议进行更换处理，更换前可对其运行情况做重点巡视检测，巡视项目有：①电抗器电压；②油面及绕组温度；③电抗器油色谱监测；④铁芯接地电流测量并记录；⑤附件监测（套管、储油柜等精确红外测温）。

监测项目若有异常时，应及时安排停电检修。

第四节　某变电站 35kV 1-2L 电抗器 A 相故障分析

一、故障简介

2015 年 2 月 15 日 3 时 51 分 54 秒，某电站 35kV 1-2L 低压电抗器组故障跳闸，故障后检修公司专业人员查看了 1-2L 低压电抗器 A 相故障现场。3 时 51 分 54 秒 35kV 1-2L 低压电抗器组 CSK406A 保护启动，同时 35kV 1-2L 低压电抗器组 CSK406A 保护出口跳闸，57 开关 A 相跳闸、B 相跳闸、C 相跳闸。电抗器 A 相过流二段出口，故障电流 1.80A，电流互感器变比为 1500/1，一次故障电流 2700A。故障前运行方式：35kV 1-1L、1-2L 及 2-1L 低压电抗器组均为运行状态，35kV 1-2L 低压电抗器组负荷电流为 994.629A，无功功率为 59.717VAR，所在 8 号母线电压为 35.547kV，现场为阴天。故障前无其他操作，系统运行电压正常。

现场检查，发现 1-2L 低压电抗器 A 相现场检查电抗器顶部有明火，顶部防雨帽及调匝环完全烧毁，顶部环氧树脂包封部分烧黑，地面有金属烧熔物体。1-2L 电抗器最近投运日期为 2015 年 2 月 5 日，投运后于 2 月 6 日进行了测温，现场测温数据显示，1-1L 低压电抗器组温度正常，未见明显发热点。

二、原因分析

2015 年 2 月 6 日，对电抗器进行了测温，如表 4-11 所示，现场测温数据显示，1-1L 低压电抗器组温度正常，未见明显发热点。

表 4-11　　　　　　　红 外 热 成 像 检 测

序号	设备单元及名称	相别	发热部位	表面温度（℃）	参考温度（℃）	环境温度（℃）	温升（℃）	相对温差值	负荷电流（A）	热图号	检测时间	诊断分析
1	1-2L 本体	A	无异常发热点	41.9	38	1	40.9	9.54	998	1	2015-2-6 10：37	正常
2	1-2L 本体	B	无异常发热点	40	38	1	39	5.13	998	2	2015-2-6 10：37	正常
3	1-2L 本体	C	无异常发热点	35.6	38	1	34.6	−6.94	998	3	2015-2-6 10：37	正常

序号	设备单元及名称	相别	发热部位	表面温度(℃)	参考温度(℃)	环境温度(℃)	温升(℃)	相对温差值	负荷电流(A)	热图号	检测时间	诊断分析
热图号	图像			热图号	图像			热图号	图像			
1				2				3				

可能造成起火的原因有以下三点：

（1）该型电抗器调匝环布置在电抗器绕组最前端，投切过程中的电压冲击对该处匝绝缘的损坏影响最大。电抗器绕组承受的匝间电位梯度是由其电感和电流陡度决定，陡度越大，匝间电位梯度越高。由于整个绕组各匝间的电位分布不同，各匝对地之间的分布电容不均匀，一般靠近电源侧的几匝要比靠近中性点的几匝要高出许多。由于调匝环处为不均匀电场，场强集中，易造成绝缘击穿，形成匝间短路现象。在操作电压的作用下，电抗器的损坏部位大多集中在进线端的匝间，操作电压的长期积累会导致导线短路引起绝缘故障击穿烧毁。初步分析该电抗器调匝环及端部绝缘存在局部缺陷，在长期运行电压作用下造成绝缘击穿，逐步发展成匝间短路，产生环流，引燃绝缘材料，最终导致电抗器跳闸。

（2）该台电抗器早期发现有断线现象，存在断线说明电抗器有部分层线呈无用状态，运行中易造成调匝环运行中处于电流分布不均衡状态，长期运行时易造成调匝环受热不均加速绝缘老化速度导致故障。

（3）该电抗器2001年投运，运行超过10年，产品经过多年的运行，如调匝环遭雨水侵入，在雨水作用下，电抗器设备表面受到导电物质污染，在遇到露、雨雪等湿润条件时，污层电导增大，泄漏电流增加，促使电抗器线圈绝缘受潮，长期作用下，使线圈绝缘分解，破坏了绕组绝缘，造成绝缘水平下降。加之投切过电压的作用下可能瞬间导致局部绝缘发生闪络、放电、击穿等现象，从而彻底破坏了匝绝缘也易产生局部放电造成局部短路最终导致放电故障。

三、结论及建议

1. 结论

（1）由于调匝环处为不均匀电场，场强集中，易造成绝缘击穿，形成匝间短路现象。在操作电压的作用下，电抗器的损坏部位大多集中在进线端的匝间，操作电压的长期积累会导致导线短路引起绝缘故障击穿烧毁。

（2）该电抗器调匝环及端部绝缘存在局部缺陷，在长期运行电压作用下造成绝缘击穿，逐步发展成匝间短路，产生环流，引燃绝缘材料，最终导致电抗器跳闸。

2. 建议

（1）加强对电抗器的运行检查工作。重点查看其设备表面是否有鼓包、龟裂等破损现象；积极使用红外测温技术监视其设备发热情况和发热部位。

（2）优化电网运行方式，保证投切设备的均衡，避免反复投切同一电抗器组。

（3）开展在运低压电抗器运行环境普查，加快实施电抗器基础下方草坪硬化工作，避免起火造成故障范围扩大危及其他运行设备。

第五节 某 35kV 干式电抗器匝间短路故障分析

一、故障简述

2020 年 9 月 11 日 23：44，某变电站 1 号 SVC 装置二次滤波支路 A 相电抗器故障起火，23：50 断开 1 号 SVC 装置开关，及时控制火情，避免故障扩大。现场检查 1 号 SVC 装置二次滤波支路 A 相电抗器上线圈的下端面和下线圈的上表面均有烟熏痕迹，下线圈的上端面一个扇区明显过火受损严重，对应的风道受损，而其余外部连接件未发现异常，如图 4-24 和图 4-25 所示。

二、原因分析

1. 电抗器基本信息

电抗器型号为 LKGKL-33-88.51-290，出厂时间为 2015 年，2020 年 4 月 10 日预防性试验结果正常，实测值误率小于 ±5%，相间不平衡值小于 2%。表 4-12 为 2020 年 4 月电抗器预防试验结果。

图 4-24　电抗器外观

图 4-25　包封受损

表 4-12　　　　　　　　　　2020 年 4 月电抗器预防试验结果

测试位置	铭牌 电感值（mH）	测量 电感量（mH）	误差率	不平衡率	绝缘 电阻（MΩ）
R	88.51	87.28	−1.39%	0.25%	5000
S	88.51	87.44	−1.21%	0.25%	5000
T	88.51	87.5	−1.14%	0.25%	5000

2. 现场设备故障情况

检查 1 号 SVC 二次滤波故障回路除 A 相电抗器烧损外，其他电抗器、电容器、电阻器等主体设备未发现异常发热及放电痕迹；A 相电抗器烧损点在线圈包封部位，除包封内有明显烧损外，未发现对地和对其他相放电痕迹；对二次滤波回路电抗器试验，其 B 相、C 相电感值良好，故障 A 相电感量比额定值减少 50%。

3. 综合保护装置情况分析

调取相关设备保护启动波形，1 号 SVC 装置在故障前各支路电流电压值均在额定值范围内，整个系统运行正常，电流、电压无异常波动，无异常故障报警信息。

电抗器配置的保护主要有速断电流保护、过电流保护、不平衡电流保护、过电压保护、欠电压保护、接地保护。保护动作情况如下：

（1）电抗器 A 匝间短路时，由于匝间短路电流变化小，过电流保护和速断保护均未起动。

（2）电抗器相匝间短路时，不平衡电压保护不动作，原因是电抗器匝间短路电压互感器不能反映不平衡电压，因为不平衡电压是取电容器的三相不平衡电压,而电容器并没有损坏,电压是对称的。

(3)电抗器匝间短路,不平衡电流保护不动作,主要由于不平衡电流很小。

(4)电抗器匝间短路时,未造成母线系统电压下降,故低电压保护不动。

(5)电抗器匝间短路时,未造成单相接地或相间短路,故零序过流保护和过电流保护未动作。

结合现场检查情况及故障现象,初步判断是电抗器发生包封内线圈匝间短路,引起线匝绝缘材料及导线在高温下熔损、起火。

4. 解体分析

为进一步分析故障原因,现场对故障电抗器从外而内逐层解体检查分析。

(1)空心电抗器结构从内而外共有7道包封层,每层包封内外表面未发现明显积灰和异物,排除绝缘受污秽或异常掉落、鸟类筑巢而引起放电的可能性。

(2)电抗器每个绕包外绝缘厚度均在5mm以上,且外绝缘整体较均匀,内部导线排列紧密,导线缝隙胶液填充均匀,未发现其他部位外绝缘存在明显生产制造缺陷。

(3)导线绝缘情况。故障位置附近导线绝缘状态良好,裸导线外包裹3层绝缘膜,且包扎紧密,绝缘膜剥离后,通过撕扯方式对绝缘膜进行机械强度检查,绝缘膜经过5年运行仍然具有较强的机械强度,未发现绝缘膜绝缘老化情况。

(4)故障包封层及线圈情况。通过对电抗器的逐层解剖观察与分析,电抗器第6绕包层烧损严重,为故障源头。解体后绕组中部可见明显内部匝间短路击穿孔洞,部分导线和绝缘材料从内部熔融而向外膨胀,故此次设备故障原因可确定为导线内部匝间短路故障。且放电部位长度约30cm,从线圈烧损最严重处呈斜右下排布,疑似剐蹭现象(见图4-26)。

图 4-26　第 6 绕包层疑似剐蹭痕迹

5. 处理措施

（1）对 1 号 SVC 装置其他同批次电抗器检测，应合格，确保其他电抗器满足安全稳定运行条件。备件电抗器于 9 月 21 日完成安装，试验合格，恢复送电。

（2）恢复故障前新增 1 号、2 号 SVC 装置相互切换电缆，1 号、2 号钢包精炼炉故障时 SVC 系统具备互相切换功能，制定了应急处置预案，保证两套钢包精炼炉均可运行。

（3）设备制造厂家对产品生产制造全过程复盘检查未发现异常，同类型 5449 台电抗器使用中未发生产品匝间绝缘故障，定性本次故障为个例，排除了产品出现批次问题的可能。

三、结论及建议

综上所述，此次电抗器故障原因确定为生产制造过程中，电抗器次外层（第 6 层）包封层主绝缘受到损伤，在长时间运行中线圈绝缘被击穿，发生匝间短路的故障。

本次故障虽为产品质量问题，却暴露出了目前电抗器匝间短路保护不完善。受制于目前匝间短路保护技术可靠性和成本投入，结合电抗器现场常见故障类型，提出以下建议：

（1）加强设备制造工艺过程监督、出厂质量验收工作，确保投运设备质量。

（2）加强电抗器表面温度监控，利用热成像仪检查电抗器运行过程是否有局部过热现象，对可能的过热点要及时分析原因并处理，避免故障扩大。

（3）加强对投运设备的外观检查。检查电抗器表面绝缘涂层，及时处理绝缘层材料龟裂、粉化、绝缘性能下降带来的隐患问题，特别是电抗器汇流排与包封底部受力支撑处容易发生防污闪涂层失效放电现象。发现异常现象，应尽早用砂纸打磨清除龟裂、粉化等劣化的表面涂料，再用无水溶剂（如无水乙醇）进行认真清洗，然后涂刷耐气候、性能优良并与基础材料相容性好的漆或涂料进行处理，避免形成不可逆的劣化。

（4）日常应注意检查电抗器上、下端面及汇流引线、通风道、防雨罩、紧固件等，注意有无金属异物掉落、引线松动、鸟类或鼠类筑巢、紧固件松动引起的噪声等现象。

（5）定期清理异物、积污，防止电抗器散热不良或者受污秽影响发生爬电、放电现象。

（6）根据预防性试验，定期做好绝缘、感抗值测量，精准把握设备状态。

第六节 某500kV换流站交流滤波器电抗器发生损毁

一、故障简介

1. 故障描述

2021年12月16日22时7分，某换流站OWS报5614交流滤波器B相电抗器谐波过负荷保护告警启动，查看程序发现电流平方值偏高，查看现场发现5614交流滤波器B相低压调谐电抗器L1高端B1电抗器有明火。22时16分拉开5614断路器，22时35分5614交流滤波器转检修。5614交流滤波器电气接线图及故障电抗器位置如图4-27所示。

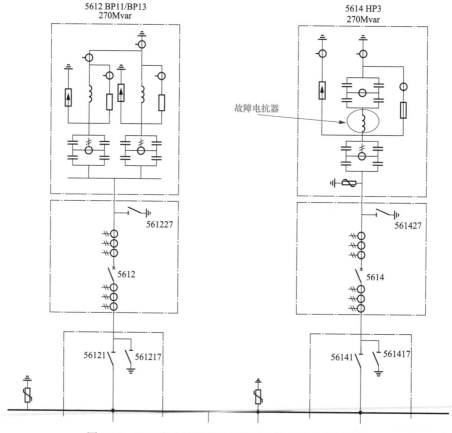

图4-27 5614交流滤波器电气接线图及故障电抗器位置

2. 故障设备信息

设备名称：交流滤波器电抗器

设备型号：LKGKL-110-328.25-413.95W

额定电压：110kV

额定电流：328.25A

出厂日期：2016 年 8 月

投运日期：2017 年 6 月

二、原因分析

1. 解体检查

（1）包封引出线连接方式。故障电抗器单相额定电感 413.95mH，由 2 个电抗器串联而成，每个电抗器有 9 个绕组包封，电抗器内径为 1775mm，外径为 2400mm，线包高度为 2990mm。电抗器各包封线径、层数、匝数如表 4-13 所示。

表 4-13　　　　　　　　　　　电抗器各包封线径、层数、匝数

包封号（由内向外）	线径（mm）	层数	匝数
第 1 包封	φ2.1	6	562、557、552、548、544、541
第 2 包封	φ2.4	3	520、516、513
第 3 包封	φ2.5	3	490、487、484
第 4 包封	φ2.6	3	464、461、459
第 5 包封	φ2.7	3	444、442、441
第 6 包封	φ2.9	3	433、432、431
第 7 包封	φ2.9	3	419、418、417
第 8 包封	φ2.9	3	412、411、411
第 9 包封	φ2.9	5	409、410、411、412、412

故障电抗器上下星形架包封引出线连接方式如图 4-28 和图 4-29 所示，线

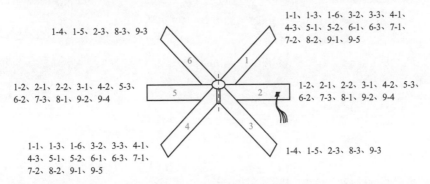

图 4-28　上星架引线分布图

注：1-1 指第一包封（由内向外）第一层（由内向外）。

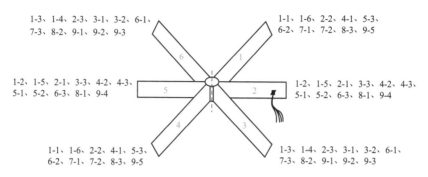

图 4-29　下星架引线分布图

注：1-1 指第一包封（由内向外）第一层（由内向外）

圈采用单丝铝导线绕制，同一包封引出线分布于不同星架臂上，各引出线抽头与星架臂焊接点分布无规律，存在易虚焊、松动、断线的隐患。

（2）星架解体检查。检查发现上星架烧蚀严重，均在最内包封处（引线焊接点附近）烧断，抽头引线全部烧熔，在 1 号星架臂引线焊接点发现明显电弧放电点，该处星架存在明显弯曲，怀疑该处放电着火导致星架臂强度下降，脱落时受力弯折，6 号星架臂处发现放电痕迹，如图 4-30 所示。

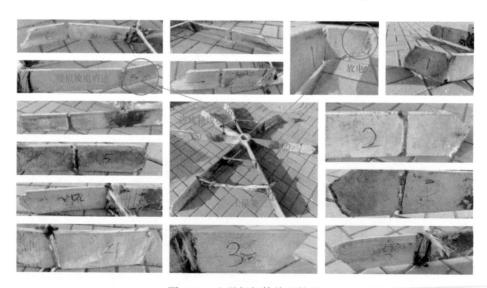

图 4-30　上星架解体检查情况

下星架基本完好，仅发现 1 号和 6 号星架臂间保护网局部烧熔，6 号星架臂处存在明显烧蚀痕迹，如图 4-31 所示。

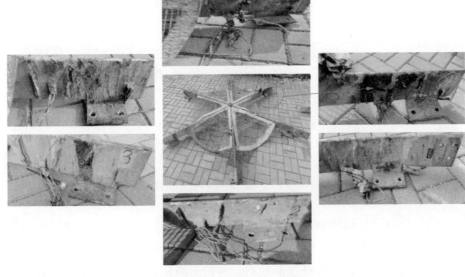

图 4-31　下星架解体检查情况

（3）包封解体检查。故障电抗器包封顶部约 1/5 高度烧蚀严重，烧蚀边界分明，烧蚀部位呈圆周分布，如图 4-32 所示。

图 4-32　故障电抗器外观

故障电抗器共分 10 层，层间间隔 2cm 左右，最外层为环氧树脂浸渍玻璃纤维保护罩，内部 1～9 层为绕组层。如图 4-33 所示，将故障电抗器沿虚线切开，对包封进行逐层检查。

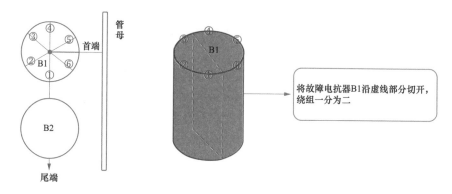

图 4-33　故障电抗器解体检查示意图

将故障电抗器B1沿虚线部分切开，绕组一分为二

　　故障电抗器各包封中下部位内外表面均有不同程度的发黑现象及部分烧灼痕迹，但未见贯穿性放电痕迹，可以排除电抗器表面闪络引发故障的可能性。包封由外向内烧蚀情况逐渐减弱，各包封内外表面未发现裂缝，包封切割后样块内部未发现异常，可以排除电抗器因表面开裂处积污或水汽进入，造成局部电场不均匀引发放电，进而导致匝间绝缘击穿引起故障的可能性。故障电抗器左右半扇解体检查情况如图 4-34 和图 4-35 所示。

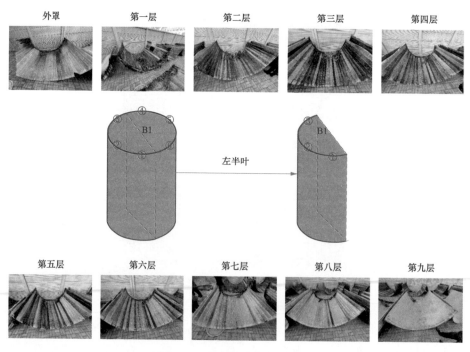

图 4-34　左半扇解体检查情况

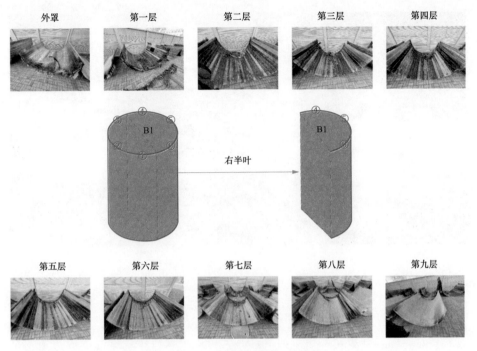

图 4-35 右半扇解体检查情况

故障电抗器 1～6 号星架区域整体烧蚀严重，大面积散股铝导线凌乱分布，且在第 3 包封 6 号星架臂处发现大片烧熔铝块附着，推测故障发生时，该处温度过高，导致大量导线烧熔。6 号星架臂烧蚀情况如图 4-36 和图 4-37 所示。

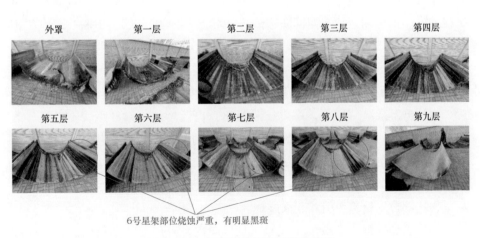

6号星架部位烧蚀严重，有明显黑斑

图 4-36　6 号星架臂处包封烧蚀情况

图 4-37　第 3 包封 6 号星架臂处烧熔铝块

2. 故障过程分析

（1）线圈局部短路分析。通过计算分析，发现对于多层线圈包封干式电抗器，当某一包封线圈发生局部短路时，由于短路匝与其他各包封间存在互感，不仅发生短路的线圈等效电感会减小，未发生短路的其他包封线圈的等效电感同样会减小，即多层包封干式电抗器发生线圈局部短路时，总电感会减小，短路点电流明显增加。

（2）线圈局部开路分析。当电抗器发生个别线圈开路时，等效电感会增加，未开路线圈电流也会增加。由于滤波器回路特殊的电容、电抗关系，电抗器的电感值增加，滤波器回路进入失谐状态，即 L1 与 C2 串联后端电压不再为零，L1、C1、C2 各自的端电压均会上升（L1 是滤波器回路中的电感器，C1 和 C2 是滤波器回路中的电容器，它们共同构成了滤波器回路，用于实现对电力系统中的电压或电流进行滤波和调节的功能）。因此当某层线圈开路后，电抗器等效电感增加，端电压和回路总电流增加，未开路线圈电流显著增加。由于线圈发热功率与电流平方成正比，运行中会进入"热崩溃"循环，即运行中干式电抗器个别线圈发生引线断裂或局部过热熔断，电抗器等效电感增加，滤波器回路失谐造成电抗器电流增大，非故障线圈发热加剧加速损坏，损坏部位发展扩大引发起火燃烧。

（3）仿真分析。模拟第 4 包封（从外向内）三层导线全部断裂、第一和第二层导线断裂、第一层导线断裂三种情况，对故障电抗器技术参数变化情况进行仿真分析，如表 4-14 所示。

表 4-14　　　　　　　　　　　　模拟电抗器导线断裂仿真分析

项目	设计值	第4包封三层导线抽头全部断裂	第4包封第一和第二层导线抽头断裂	第4包封第一层导线抽头断裂	变化率
电感（H）	0.206505	0.206652	0.206544	0.206511	+0.07%/ +0.02%/ +0.003%
直阻（Ω）	0.3091	0.3488	0.3345	0.3213	+12.84%/ +8.22%/ +3.95%
温升（K）	51	第6包封：66 第5包封：108 第3包封：102 第2包封：63 其余不变	第6包封：57 第5包封：81 第4包封：40 第3包封：78 第2包封：55 其余不变	第6包封：53 第5包封：63 第4包封：52 第3包封：61 第2包封：52 其余不变	+112%/ +59%/ +24%
额定电流下温度场仿真	平均温升44K，热点温升69K	平均温升51K，热点温升125K	—	平均温升45K，热点温升75K	—

从仿真结果可以看出，随着断裂的导线抽头数量增加，电抗器整体电感、直阻值随之增大，正常包封的温升值随之升高，最热点温升随之增大，正常包封的运行工况恶化。当三层导线全部断裂时，正常包封最热点温升125K，在环境温度大于30℃时，最热点温度大于155℃，超过包封材料F级绝缘耐热等级的耐热温度临界值，加速包封绝缘热老化。

（4）综合分析。结合解体检查，分析推断故障发展过程为：1号星架臂处引线存在虚焊或引线缓冲弯过小，在电抗器振动、滤波器投切电动力或外力的作用下引线断裂，线圈局部开路，引发电弧放电。故障过程为：引燃事件发生，导致总电感增加，随之，总电流也随之增大，导致正常线圈发热增加。由于正常线圈的绝缘薄弱处发生局部短路，温升高、过电压梯度大以及制造缺陷部位等因素的影响，这一故障发生在电抗器的第3包封1~6号星架臂间进线区。接着，局部短路的恶化导致总电感减小，进而使正常线圈的熔断点增加。然而，总电感再次增加，总电流也跟着增大，进一步加剧了发热状况的恶化。于是，其余星架引线处发生烧熔。随着故障的持续恶化，火势蔓延至上端部的圆周。最终，上星架接线板依次烧熔脱落，而在故障最严重的区域（第3包封6号星架臂处），大面积的散股铝导线凌乱分布，还有大片烧熔铝块附着。故障过程分析如图4-38所示。

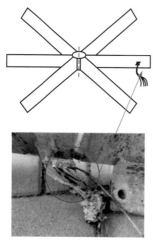 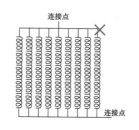 

正常焊接方式　　　　　　引线断裂，端口放电　　第3包封6号星架区烧蚀严重，有铝块附着

图 4-38　故障过程分析

三、结论以及建议

1. 结论

故障电抗器上星架焊接的线圈引线脱焊或断裂，断线部位放电引起电抗器局部起火燃烧，引线断裂使所在包封及其余包封电流增大、温升升高，包封绝缘薄弱部位短路、开路故障点增加，起火部位逐步扩大并蔓延至电抗器上端部圆周。导致线圈引线断裂的因素包括：

（1）电抗器生产制造过程中，引线焊接时存在虚焊或引线缓冲弯过小，长期运行振动及投切操作电动力冲击下，导致引线脱焊或断裂。

（2）电抗器吊装、安装过程中，踩踏、碰撞引线接头，埋下引线断裂隐患。

2. 建议

（1）换流站选取一台与故障电抗器同厂家、同型号的在运电抗器进行返厂检查评估，重点检查引线虚焊、断线、变色以及线圈绝缘老化、劣化等缺陷，由厂家出具评估报告，该站做好厂内检查见证。

（2）各换流站结合年度检修、新工程验收，对在运、备品、新到货、新安装交流滤波器电抗器线圈引出线状态进行全面排查，引出线长度应适中，无虚焊、松股、断股、扭结、变色或其他损伤、腐蚀等缺陷。

（3）依据直流换流站精益化检修指导意见，加强交流滤波器电抗器直阻、电感量测试及横、纵向比对分析，首检及此后每 3 年开展一次直阻和电感量测试，测试值异常时［与出厂值相比偏差不大于±2％（±800kV 及以上）或±3％（其他）］，重点对线圈引出线进行检查，排查异常原因。

（4）单丝铝导线绕制的绕组存在层间电位差，过电压冲击下存在层间短路隐患，并且单丝铝导线绕组引出线分散多点焊接，引出线存在虚焊、易断线隐患，因此建议交流滤波器电抗器绕组导线均采用换位铝导线。

第七节　某 500kV 换流站交流滤波器电抗器发生损毁

一、故障简介

1. 故障描述

2021 年 9 月 28 日 19 时 20 分，某 500kV 换流站 OWS 事件记录发"500kV 5633 交流滤波器 B 相低压电容器过流保护动作报警"，报警持续 3min，19 时 23 分事件记录发"5633 交流滤波器 B 相差动保护跳闸，5633 开关三相跳开锁定"。现场检查发现 5633 交流滤波器 B 相电抗器 L1 低压侧电抗器本体着火，5633 交流滤波器退出运行。故障前站内暴雨，伴有大风及雷电。5633 交流滤波器电气接线图及故障电抗器位置如图 4-39 所示。

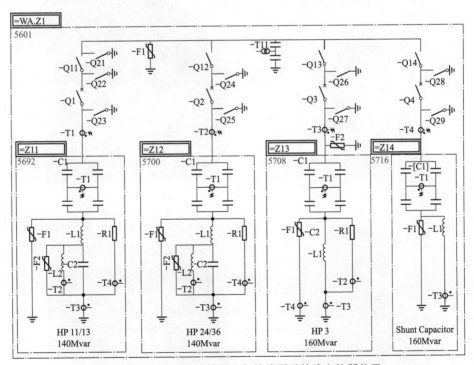

图 4-39　5633 交流滤波器电气接线图及故障电抗器位置

2. 故障设备信息

设备名称：交流滤波器电抗器

设备型号：LKDGKL-110-216-342.7

额定电压：110kV

额定电流：216A

出厂日期：2006 年

投运日期：2006 年

二、原因分析

1. 外观检查

线圈外表以及风道内全部烧黑或被高温烟气熏黑；线圈顶部烧损严重，所有包封层的绝缘材料均烧毁，各包封导线垮塌交缠在一起；线圈底部存在烧蚀，但严重程度不及线圈顶部；线圈最内侧两个包封层的绝缘层完全烧毁，铝导线全部脱落，外部三个包封层的中下部保存相对完整；线圈上下吊架已全部烧毁并脱落。故障电抗器外观检查如图 4-40～图 4-43 所示。

图 4-40　故障电抗器外观检查

图 4-41　故障电抗器外观检查

图 4-42　故障电抗器外观检查

图 4-43　故障电抗器外观检查

2. 包封解体检查

各包封层均为顶部 300mm 范围内烧损最严重，底部存在部分烧灼，中间部位情况相对较好，包封内外侧均被高温烟气熏黑，通风条上端部被烧蚀为玻璃丝状。包封层烧损情况如图 4-44 所示。

图 4-44　包封层烧损情况

风道中存在环氧胶融化流淌痕迹，痕迹为自上而下流淌，路径纵向贯通线圈；风道中存在部分烧灼物和熔化的铝块残渣，且位置靠内的风道中熔化的铝块量要多于位置靠外的风道。环氧胶融化流淌痕迹与风道中熔化的铝块如图 4-45 和图 4-46 所示。

图 4-45　环氧胶融化流淌痕迹图

图 4-46　风道中熔化的铝块图

对未严重烧蚀过的线圈中下部的导线切割断面进行检查，包封内部未发现明显裂缝、间隙现象，解体情况如图 4-47 所示。

图 4-47 导线切割断面

对未被烧毁部分的包封绝缘层进行检查，采用砂纸对其表面黑色部分进行打磨，发现黑色物质可以被轻易打磨掉，判断未被烧蚀的线圈表面颜色变黑为高温烟气熏蚀所致，如图 4-48 和图 4-49 所示。

图 4-48 打磨前

图 4-49 打磨后

3. 绝缘试验

（1）线圈绝缘试验。在线圈解体检查前，对线圈各包封层进出线头进行梳理，在保存较好的线圈底部找到四个导线层的 4 根出线头。使用绝缘电阻表对各包封层换位导线股间、层间绝缘电阻进行测试，使用万用表对各包封导线的通断情况进行测试，测试结果如表 4-15 所示。测试结果表明：各包封层导线间绝缘以及单根导线内小股绝缘已全部丧失，各层导线之间处于导通状态。

表 4-15　　　　　　　　　　　　线 圈 绝 缘 测 试 结 果

测试对象	股间绝缘（Ω）	测试对象	层间绝缘（Ω）
外侧 1 包封	0	外侧包封 1~2 间	0
外侧 1 包封	0	外侧包封 1~3 间	0
外侧 1 包封	0	外侧包封 1~4 间	0
外侧 1 包封	0	外侧包封 2~3 间	0
—	—	外侧包封 2~4 间	0
		外侧包封 3~4 间	0

（2）导线绝缘试验。为了测试线圈尚未烧损部位导线绝缘情况，在线圈最外层包封的中下部截取数段换位导线样品，分别进行单根导线股间耐压、两根导线匝间击穿试验（见图 4-50），试验结果显示：单根换位导线股间绝缘已丧失，无耐压数值；两根导线匝间承受 4kV 工频电压后被击穿。对于单股 1 层绝缘、整体 3 层绝缘的换位导线，绝缘完好未老化时工频击穿电压一般大于等于 15kV，试验结果表明故障电抗器线圈导线绝缘已严重老化。

图 4-50　导线绝缘试验

3. 故障情况分析

（1）故障起始点分析。通过对故障电抗器进行解体检查，发现线圈由内向外第 1、2 包封及线圈顶部烧损最严重，线圈底部次之，线圈外侧包封层的

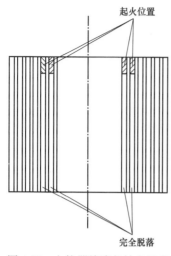

起火位置

完全脱落

图 4-51　电抗器故障起始点示意

中间部位情况较好，各通风道内有烟熏残留物，风道内有烧融的环氧胶自上而下流淌的痕迹，内侧风道内铝块残渣数量要多于外侧风道。如图 4-51 所示，分析判断电抗器最初的起火点位于线圈由内向外第 1 或第 2 包封自顶部向下 300mm 之间的位置。

（2）故障过程分析。结合解体检查，分析推断故障发展过程为：运行中线圈顶部温升最高，导线绝缘和环氧包封绝缘老化速度最快，长期运行单根导线内股间绝缘最先丧失，导线涡流损耗增大，绕组层发热更加严重，导线绝缘老化进一步加速，导致导线外部绝缘全部丧失，发生匝间短路导致电抗器整体电感值降低，进而导致滤波器回路电流增大。由于电容器过流保护动作报警，短路处绕组温度急速上升。当温度达到绝缘材料的燃点时，发生火焰燃烧。燃烧的线圈匝间短路加剧，形成"雪崩"效应。火焰烧损线圈顶部的绝缘材料，产生大量高温烟气。高温烟气在整体隔声罩、线圈风道形成的密闭空间内扩散，烧蚀线圈表面、风道表面以及隔声罩内侧的燃点较低的吸音棉。接着，线圈内侧的 1～2 包封层燃烧至底部，导致线圈底部起火燃烧。火焰烧断线圈底部出线端金具导线，导致金具导线断裂并垂落于地面。最终，这引起了接地故障。

三、结论及建议

1. 结论

电抗器顶部温升最高，导线和环氧包封绝缘老化速度最快，长期运行导线绝缘丧失，引起匝间短路，匝间短路释放的能量远大于包封绝缘耐热等级，导致电抗器顶部绝缘材料起火燃烧，火势逐步发展蔓延至线圈底部，烧断底部引线金具导线，引起接地短路故障。导致匝间短路的原因有：

（1）导线绝缘采用聚酯薄膜材料，该材料的老化速度远高于耐热等级为 H 级的聚酰亚胺薄膜材料。

（2）故障电抗器于 2006 年生产，至故障发生时已运行 15 年，电抗器线圈导线绝缘、包封绝缘不同程度老化。

（3）电抗器设置有隔声罩，内部铺设隔音棉，一定程度影响了电抗器线圈散热，加速线圈绝缘老化。

2. 建议

（1）单丝铝导线绕制的绕组存在层间电位差，过电压冲击下存在层间短路隐患，并且单丝铝导线绕组引出线分散多点焊接，引出线存在虚焊、易断线隐患，因此建议交流滤波器电抗器绕组导线均采用换位铝导线。

（2）导线绝缘薄膜应采用绝缘耐热等级为 H 级的聚酰亚胺薄膜，提升导线绝缘寿命，保证导线绝缘耐热等级不低于线圈整体耐热等级。

（3）为提升交流滤波器电抗器绕组匝间绝缘水平，建议在满足导线绝缘薄膜厚度要求的前提下，尽可能提高导线绝缘强度。

（4）为确保交流滤波器电抗器绕组导线绝缘水平和匝间绝缘强度，建议导线绝缘薄膜采用半叠包或搭接包形式包绕。

（5）在绕组包封的环氧—酸酐固化体系中，酸酐易吸湿水解形成游离酸，影响环氧树脂胶固化物的电气性能和机械强度，建议采用环氧—酸酐体系的厂家优化改进树脂胶配方，改善树脂胶吸湿性，提升固化后绕组包封的电气性能和机械性能。

（6）电抗器发生匝间短路起火故障时，隔音棉会被引燃扩大起火范围，建议交流滤波器电抗器采用无隔音棉设计，同时优化电抗器噪声设计，降低电抗器声级水平。

（7）配置环氧树脂胶前对原材料进行高温预烘，保证胶液各组分混合均匀，同时对配置好的胶液进行温度控制，保证浸胶时玻璃纤维与胶液充分融合。

（8）为保证绕组导线和玻璃纤维包封间缝隙得以有效填充，不出现空鼓现象，建议绕制时在导线和玻璃纤维间采取预置玻璃纤维布、预抹填缝胶的方式进行缝隙填充，同时控制玻璃纤维的胶含量，强化包封绝缘。

（9）在进行绕组包封绝缘绕制时，除采取平绕、纵绕、花绕相结合的绕制工艺外，在玻璃纤维层间加铺玻璃纤维布或玻璃纤维带，提升包封绝缘的机械强度。

第八节　某 500kV 变电站 1 号主变压器 35kV 2 号低压电抗器 B 相故障

一、故障简介

1. 故障描述

2013 年 5 月 10 日 14：34 分某 500kV 变电站 1 号主变压器 2 号电抗器保

护过流Ⅱ段动作，1号主变压器312开关位置状态由合到分。运行人员发现现场有明火、开关跳闸后火灭，并汇报调度。

2. 故障设备信息

设备型号：BKGKL-20000/34.5

额定电抗：20.34Ω

额定电流：1004A

额定电压：$34.5/\sqrt{3}\,\mathrm{kV}$

出厂时间：2009年12月

投运时间：2010年9月

二、原因分析

1. 现场检查

检修人员赶到现场观察设备外观，发现该变电站35kV 2号低压电抗器B相底部有两处放电痕迹，有两支支柱绝缘子沿面发黑。初步分析电抗器在运行过程中，由于电抗器内部匝间短路过热导致包封着火，内部燃烧的溶剂顺着电抗器下部通过支撑绝缘子形成对地短路通道，造成设备过电流保护动作，312开关跳闸。现场故障情况如图4-52和图4-53所示。

图4-52　电抗器底部烧损情况　　　　图4-53　瓷瓶放电痕迹

2. 解体检查

2013年11月8日～11日，技术人员对故障相低压电抗器进行解体检查。如图4-54和图4-55所示，从低压电抗器顶部向下看，第四层包封与第五层包封之间的气道有明显的燃烧痕迹，在顶端出线处有金属燃烧熔渣，初步判断低压电抗器故障部位在第四层与第五层包封之间，为进一步查明故障原因，决定对故障低压电抗器进行解剖。

图 4-54　疑似故障处

图 4-55　金属熔渣

如图 4-56 所示，该低压电抗器共有 12 层包封，每层包封内又有三层铝线圈并联绕制。从外向内连续剥开三层包封，均未发现明显异常。至 11 月 11 日上午，将第四层包封剥开，发现第四层包封内表面及第五层包封外表面有两条明显的故障燃烧痕迹。

图 4-56　第四层包封内表面及第五层包封外表面解剖图（地上的是第四层包封内表面）

第四层包封内表面绝缘层（图 4-57 左下部故障部位）有明显的破裂，内部绕组燃烧融化后喷溅至第五层包封外层（见图 4-58）。

第四层包封内表面中间部位绝缘层有开裂痕迹，燃烧融化后的绕组喷溅至第五层包封外面（见图 4-59 和图 4-60）。

图 4-57　第四层包封内表面左下部烧损

图 4-58　第五层包封对应外表面附着熔渣

图 4-59　第四层包封内表面右边中间破损处

图 4-60　第五层外表面对应外表面附着熔渣

　　进一步对第四层包封内的线圈进行解剖，将整个包封打开，可以看出里层绕组和中间层线圈之间有大面积的燃烧痕迹（每个包封共有 3 层铝线并联绕制），左下部开裂部位绕组烧损最严重，里层和中间层绕组有多匝已经完全烧断，右边中间部位绕组也有严重破损（见图 4-61～图 4-63）。

图 4-61　第四层包封内部线圈解剖图

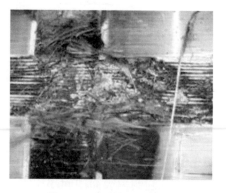

图 4-62　左下部开裂部位

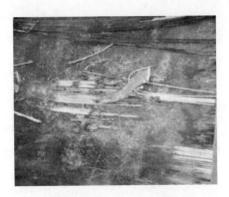

图 4-63　右边中间开裂部位

3. 综合分析

如图 4-64 所示，综合现场故障过程及解剖情况分析发现该低抗存在制造工艺质量问题，包封外绝缘涂覆不均匀，多处有裂缝，局部包封内的绕组直接暴露在空气中，且内部线圈绕制不均匀，存在气隙，外部水分和潮气易渗入绝缘包封内部，长期运行容易引发线圈匝间短路。

图 4-64　绝缘包封表面局部裂缝及导线间气隙

三、结论以及建议

1. 结论

此次低压电抗器故障主要由制造质量不良引起。故障时现场天气晴好且无投切操作，故障起始部位在包封内部，由于第四层包封内里层和中间层绕组发生匝间短路，烧熔的高温残渣喷溅至第五层包封外绝缘面，同时向下滴落导致低抗对地短路引起跳闸。

2. 建议

（1）要求生产厂家加强设备原材料入厂检验和制造过程中工艺质量控制，避免同类问题重复发生。

（2）应加强对35kV干式电抗器设备的日常巡视，严格执行反措要求，重点观察温度的变化，有针对性地开展红外测温，发现异常及时上报。

（3）安排相关人员对正在生产中的同型号电抗器进行驻场监造，监督检查生产过程中的入厂检验、加工工艺质量等环节可能存在的问题。

（4）更换10月份发生故障的第二台电抗器后，进行现场解体检查，如发现故障性质相同，督促制造厂对同批次设备予以召回。

第九节　某750kV换流站66kV并联电抗器放电故障分析

一、故障简介

1. 故障描述

2014年5月14日15时34分，某换流站OWS报"66kVⅡ母B段母线保护电压动作出现，66kV#13并联电抗器保护动作出现，66kV#13并联电抗器保护装置事故跳闸出现，#6625断路器跳闸"。值班员向值班长汇报现场#6625断路器跳闸、电抗器PST-648U保护装置上显示过流Ⅱ段动作。

2. 故障设备信息

设备型号：BKGKL-20000/66W

电压等级：66kV

额定容量：20000kvar

额定电流：549.9A

出厂日期：2010 年 7 月

投运日期：2011 年 9 月

二、原因分析

1. 现场检查

现场运行人员立即对 13 号并联电抗器 B 相本体进行了检查，发现电抗器本体冒烟，下部有明显炭化痕迹，如图 4-65 所示。

图 4-65　现场检查图

2. 解体检查

电抗器本体由从内往外共计 10 个包封组成，上、下端通过汇流铝架并联组合成电抗器。电抗器包封本体采用高温固化工艺，本体包封层由玻璃丝浸胶先缠绕一层，再缠绕线圈，然后在线圈外层由玻璃丝浸胶再缠绕一层，同时缠绕一层玻璃布并刷胶，各层缠绕都由机器绕制完成，本体绕制完成后要放入高温炉内进行高温固化成型。

解体过程为先剔除上、下端汇流铝架，然后使用电动锯从外向内将每个包封进行切割（见图 4-66 和图 4-67）。

3. 过电压分析

故障时，变电站未进行操作，且天气晴朗，经查询雷电定位系统，该换流站在时间段内未发生落雷，可排除过电压导致电抗器绝缘匝间绝缘受损的可能。

图 4-66　第 3 包封内部烧熔

图 4-67　第 2 包封内表面图

4. 电抗器运行情况分析

该型号电抗器的额定电流为 549.9A，而故障时最近 2 天的电流最大值为 542.69A（运行工况见表 4-16），未达到额定电流限值。根据标准及技术协议，并联电抗器允许长期过电流的倍数为 1.15，即实际允许运行电流可达 1.15× 549.9＝632.385A，因此，电抗器的运行电流在正常范围之内，可排除过流导致电抗器发热过度的情况。同时，该台电抗器未出现运行电压高于额定电压的情况。

表 4-16　　　　　　　　　　　13 号并联电抗器运行工况

5月15日	I_a	P	Q	5月14日	I_a	P	Q
0：00	519.78	−0.53	54.14	0：00	517.7	−0.01	53.76
1：00	520.78	0.3	54.32	1：00	519.28	−0.09	53.98
2：00	523.91	−0.43	54.96	2：00	517.97	0.21	53.94
3：00	524.83	−0.12	55.31	3：00	516.54	0.07	53.55
4：00	525.55	−0.55	55.24	4：00	516.96	−0.18	53.63
5：00	523.71	−0.28	55.21	5：00	516.92	−0.01	53.63
6：00	518.39	−0.54	53.87	6：00	516.91	−0.14	53.56

5月15日	I_a	P	Q	5月14日	I_a	P	Q
7:00	521.68	−0.29	54.5	7:00	517.6	0.17	53.75
8:00	521.57	0.01	54.57	8:00	517.57	−0.36	53.55
9:00	515.77	−0.16	53.24	9:00	516.11	0.04	53.33
10:00	533.07	−0.3	57	10:00	509.56	−0.3	52.05
11:00	534.11	−0.38	57.05	11:00	539.12	−0.02	58.14
12:00	532.89	0.48	56.99	12:00	538.38	−0.09	57.85
13:00	536.05	−0.21	57.31	13:00	538.15	0.47	57.95
14:00	533.77	0.25	57.13	14:00	539.23	0.06	58.14
15:00	534.62	−0.19	57.31	15:00	541.58	−0.23	58.59
16:00	527.83	0.3	55.74	16:00	0.02	0	0
17:00	526.94	0	55.76	17:00	0.02	0	0
18:00	515.32	0.37	53.05	18:00	0.02	0	0
19:00	514.18	0.03	53.13	19:00	0.02	0	0
20:00	515.16	0.33	53.26	20:00	0.02	0	0
21:00	516.36	0.3	53.54	21:00	0.02	0	0
22:00	517.07	−0.35	53.58	22:00	0.02	0	0
23:00	517.46	0.26	53.6	23:00	0.02	0	0
最大	536.05	0.48	57.31	最大	542.69	0.47	58.87
最小	513.73	−0.6	53.05	最小	0.02	−0.58	0
平均	523.74	−0.12	54.98	平均	349.46	−0.04	36.69

5. 绝缘材料耐热分析

通过查询该台电抗器的技术协议，其技术参数为：周围空气温度，最高气温为40℃；绕组平均温升不大于55K；最热点温升不大于70K；匝间绝缘耐热等级：H级（即180℃）；整体绝缘耐热等级：F级（即155℃）。在正常的情况下，电抗器运行温度应不大于110℃，远低于绝缘材料的耐热等级。但从厂家提供的相关材料文件来看，仅提供了浸渍漆的耐热等级，达到了180℃，符合要求；但其他绝缘材料，包括聚酯薄膜和环氧树脂，未提供。

6. 电流分层分析

根据包封电流分层试验记录（见表4-17）可以看出，故障的第2包封在正常运行时电流占比仅为8.45%，运行温度偏低。

表 4-17   并联电抗器电流分层分析

包封（从内往外数）	包封内导线根数	通流试验时，单个包封通过电流量（mA）	单个包封通流量占比
1	18	547	12.43464%
2	12	372	8.456467%
3	9	338	7.683564%
4	9	456	10.36599%
5	9	394	8.956581%
6	9	292	6.637872%
7	9	467	10.61605%
8	9	463	10.52512%
9	9	453	10.29779%
10	15	617	14.02591%

7. 导线绝缘测试

对故障的 2 包封，抽取上、中、下部导线（外部包覆聚酯薄膜）各 5 段，厚度为（20±0.02）μm，进行了击穿电压测试，检测数据如表 4-18 所示。从检测结果来看，随机抽取的 15 根导线外部聚酯薄膜绝缘性能良好，大于标准的要求（GB/T 13542.4《电气绝缘用薄膜 第 4 部分：聚酯薄膜》规定，标称厚度为 19μm 时，电气强度最少为 190V/μm）。可排除由于聚酯薄膜本身的电气绝缘强度达不到要求导致匝间短路的可能。

表 4-18   击 穿 电 压 测 试   (kV)

上部	击穿电压	中部	击穿电压	下部	击穿电压
1	9.0	1	9.3	1	7.2
2	8.9	2	8.9	2	5.0
3	10.3	3	10.3	3	8.3
4	9.5	4	9.5	4	5.9
5	5.6	5	5.6	5	5.6
平均值	8.66	平均值	8.72	平均值	6.4

8. 综合分析

结合解体检查综合分析，电抗器包封表面未发现树枝状爬电痕迹，可排除小的树枝状爬电由小变大，最终造成事故的可能；包封端部引流线与线圈连接处未见开裂现象，在整体结构上也加装了防雨罩，可排除包封开裂导致匝间绝缘进水受潮的可能；在所有通风道中未发现异物，可排除通风堵塞，导致散热不良局部温度过高的可能。2包封形成了由内向外喷射状的贯穿性熔坑，烧蚀情况最严重，应为此次故障的部位。3包封熔坑为2包封在匝间短路瞬间产生的高温及喷熔物所致。

三、结论以及建议

1. 结论

造成此次13号并联电抗器故障的直接原因为第2包封内导线发生匝间短路，短路瞬间产生的大量热量导致绝缘加速老化，短路部位进一步扩大，最终导致2包封烧穿，主要是制造质量的问题。

（1）制作工艺不良，导致匝间绝缘存在薄弱点，局部过热，长期运行引起匝间绝缘短路（由于电抗器采取的湿法绕制的工艺，即导线在绕制过程中，导线包覆聚酯薄膜后外涂浸渍漆后处于湿粘的状态，不能排除在绕制过程中沾染到杂物的可能）。

（2）制造材料不良，绝缘材料耐热等级不容易老化（聚酯薄膜、环氧树脂的耐热等级证明未提供）；导线上有毛刺，毛刺与匝间绝缘相互摩擦而导致绝缘破坏（由于铝材的检验工作在拉丝工艺流程之前，对于拉丝后的铝线状态，从工艺上缺乏相关的检验手段，仅进行3kV耐压试验，但如果毛刺、尖端不明显，在3kV绝缘试验中无法发现，在运行过程中，随着电抗器本身的震动，在长期运行中很有可能导致绝缘破坏）；铝丝有导电通流性能不良点或机械拉力性能不良点，引起运行中断线、放点，破坏匝间绝缘。

2. 建议

（1）改进制造工艺。改善绕制过程中的工艺，确保导线包覆聚酯薄膜后外涂浸渍漆的状态不处于湿粘的状态。同时，加强绕制过程中的清洁措施，减少杂物沾染的可能性。

（2）优化绝缘材料选择。选择耐热等级更高的绝缘材料，以提高匝间绝缘的耐热性和老化性能。确保所选绝缘材料符合工作温度要求，并提供相关的耐热等级证明。

（3）改善导线质量控制。加强对导线的质量检验，确保导线表面没有毛刺和尖端问题。引入更全面的检验手段，包括视觉检查和拉丝后的导线状态检验，以减少绝缘破坏的风险。

（4）提高铝丝质量。确保铝丝具有良好的导电通流性能和机械拉力性能。

加强对铝丝的质量检验，排除导电不良点和机械拉力不良点，以减少断线和放点的发生，从而保护匝间绝缘的完整性。

（5）强化质量管理体系。建立完善的质量管理体系，包括制定标准操作规程、加强员工培训、加强现场巡检和定期维护等措施，以确保电抗器的制造过程符合质量要求，并能够持续提供可靠的产品。

参 考 文 献

[1] 崔志刚，王永红，钱国超. 干式空心电抗器故障原因分析及防范技术措施 ［M］. 北京：科学出版社，2019.

[2] 国家电网公司. 10kV～66kV 干式电抗器管理规范 ［M］. 北京：中国电力出版社，2006.

[3] 李功新. 干式电抗器例行检修试验 ［M］. 北京：中国电力出版社，2013.

[4] 吴锦华. 电力变压器与电抗器 ［M］. 北京：中国电力出版社，2003.

[5] 国网宁夏电力有限公司电力科学研究院. 干式电抗器运检技术 ［M］. 北京：中国电力出版社，2022.

[6] 李德超. 干式空心电抗器故障原因分析及处理措施 ［J］. 电力电容器与无功补偿，2014，35（006）：86-90. DOI：10. 3969/j. issn. 1674-1757. 2014. 06. 018.

[7] 张良，吕家圣，王永红，等. 35 kV 干式空心电抗器匝间绝缘现场试验 ［J］. 电机与控制学报，2014，18（6）：6. DOI：10. 3969/j. issn. 1007-449X. 2014. 06. 011.

[8] 张猛，王国金，张月华，等. ±1100kV 特高压干式平波电抗器绝缘设计与试验分析 ［J］. 高电压技术，2015. DOI：JournalArticle/5b3bb6c5c095d70f0089d02f.

[9] 付银仓. 关于户外干式空心电抗器的设计 ［J］. 电力电容器与无功补偿，2008，29（6）：6. DOI：10. 3969/j. issn. 1674-1757. 2008. 06. 005.

[10] 夏天伟，闫英敏. 干式空心电抗器电感的计算 ［J］. 变压器，1997，34（2）：6. DOI：CNKI：SUN：BYQZ. 0. 1997-02-004.

[11] 刘志刚，耿英三，王建华，等. 干式空心电抗器的优化设计 ［J］. 高电压技术，2003，29（2）：3. DOI：10. 3969/j. issn. 1003-6520. 2003. 02. 008.

[12] 田应富. 变电站干式电抗器故障监测方法研究 ［J］. 南方电网技术，2010，004（A01）：P. 60-63. DOI：CNKI：SUN：NFDW. 0. 2010-S1-017.

[13] 徐林峰，林一峰，王永红，等. 干式空心电抗器匝间过电压试验技术研究 ［J］. 高压电器，2012，48（7）：5. DOI：CNKI：SUN：GYDQ. 0. 2012-07-015.

[14] 姜志鹏，周辉，宋俊燕，等. 干式空心电抗器温度场计算与试验分析 ［J］. 电工技术学报，2017，32（3）：7. DOI：CNKI：SUN：DGJS. 0. 2017-03-025.

[15] 顺特电气有限公司. 树脂浇注干式变压器和电抗器 ［J］. 高压电器，2006，42（1）：1.

[16] 江少成，马明，戴瑞海，等. 干式空心电抗器匝间绝缘检测原理及试验分析 ［J］. 高压电器，2011，47（6）：5. DOI：CNKI：SUN：GYDQ. 0. 2011-06-017.

[17] 夏天伟，曹云东，金巍，等. 干式空心电抗器温度场分析 ［J］. 高电压技术，1999（04）：86-88. DOI：10. 3969/j. issn. 1003-6520. 1999. 04. 035.

［18］ 刘海莹，魏宾. 干式空心电抗器的运行分析及故障处理［J］. 高压电器，2004，40
　　　（3）：2. DOI：10. 3969/j. issn. 1001-1609. 2004. 03. 029.

［19］ 汪泉弟，张艳，李永明，等. 干式空心电抗器周围工频磁场分布［J］. 电工技术学
　　　报，2009（1）：6. DOI：10. 3321/j. issn：1000-6753. 2009. 01. 002.

［20］ 郑莉平，孙强，刘小河，等. 干式空心电抗器设计和计算方法［J］. 电工技术学
　　　报，2003，18（4）：5. DOI：10. 3321/j. issn：1000-6753. 2003. 04. 017.

［21］ 赵海翔. 干式空心电抗器磁场对空间闭合环路影响的研究［J］. 电网技术，2000，
　　　24（2）：3. DOI：10. 3321/j. issn：1000-3673. 2000. 02. 005.

［22］ 刘志刚，王建华，耿英三，等. 干式空心电抗器磁场和电感的计算分析［J］. 高压
　　　电器，2003，39（3）：3. DOI：10. 3969/j. issn. 1001-1609. 2003. 03. 003.

［23］ 周秀，田天，罗艳，等. 一起干式电抗器接地及基础发热问题分析［J］. 电力电容
　　　器与无功补偿，2019，40（6）：6. DOI：10. 14044/j. 1674-1757. pcrpc. 2019. 06. 014.

［24］ 张志东，刘建月，高若天，等. 红外测温技术在干式电抗器接地系统发热检测中的
　　　应用［J］. 电力电容器与无功补偿，2017，38（1）：5. DOI：10. 14044/j. 1674-1757.
　　　pcrpc. 2017. 01. 019.

［25］ 于在明，韩洪刚，赵义松. 低压并联干式电抗器故障原因分析［J］. 变压器，2013，
　　　50（10）：2. DOI：CNKI：SUN：BYQZ. 0. 2013-10-028.

［26］ 李飞舟，向莉，刘全峰，等. 避免户外干式空心电抗器发生故障的措施［J］. 电力
　　　电容器与无功补偿，2013（2）：4. DOI：CNKI：SUN：DLDY. 0. 2013-02-020.

［27］ 张猛，王国金，张月华，等. ±1100kV 特高压干式平波电抗器绝缘设计与试验分
　　　析［J］. 高电压技术，2015（05）：386-394. DOI：CNKI：SUN：GDYJ. 0. 2015-05-
　　　047.

［28］ 郭磊，李晓纲，樊东方，等. 干式电抗器状态检测技术综述［J］. 电力电容器与无
　　　功补偿，2013，34（5）：5. DOI：10. 3969/j. issn. 1674-1757. 2013. 05. 010.